Antes del Big Bang

Quebrando las barreras de tiempo y espacio

El triunfo del raciocinio humano

Entrando a la Mente de Dios, Proceso Existencial Consciente de Sí Mismo

Juan Carlos Martino

Antes del Big Bang,
Quebrando las barrerras de tiempo y espacio.
Entrando a la Mente de Dios, Proceso Existencial Consciente de
Sí Mismo.
Versión 1.

Printed by CreateSpace.

Fotografías y diseño de ilustraciones por Juan Carlos Martino.
Reproducción permitida mencionando autor y libro, y comunican-
do de ello al autor [ver dirección de correo electrónico (e-mail) en
nota final sobre el Autor o en el Apéndice].

Diseño de la portada por el autor,
*"Ondulaciones generadas en el manto de fluído primordial durante
el Big Bang".*
(Ondulaciones de agua sobre taludes de concreto de protección
contra erosión en una costa marina. Fotografía tomada por Juan
Carlos Martino en Seabrook, Texas).

DEDICATORIA

A quienes desean conocer el Origen Absoluto de Todo Lo Que Es, Todo Lo Que Existe, y a nuestro Origen, Dios, del que somos Sus *individualizaciones a Su imagen y semejanza,* para disfrutar la interacción íntima con Él; para desarrollar nuestra consciencia hacia otra dimensión de realidad existencial por la que se nos a-bren las *"Puertas del Cielo",* del Conocimiento, y del ejercicio pleno de nuestro poder de creación de potencial ilimitado; para lograr las experiencias de vida que deseamos, cambiar nuestras realida-des aparentes, realizar la mejor versión de sí mismos que alcan-zamos a visualizar; y para crear propósitos frente a las circunstan-cias de vida en las que nos hallemos o a las que somos dados a esta manifestación de vida temporal.

CONTENIDO

Nota de Apertura.   ix

Introducción.   1
¿Qué vamos a explorar?   3
Origen del proceso SER HUMANO.   7
Alcance de esta exploración.   11
Sentirse Bien.   19
¿Qué guiará nuestra exploración mental?   39

Universo Absoluto.   45
Todo Lo Que Es, Todo Lo Que Existe.
Guías de "Navegación" del Proceso Existencial.   47
Función Energética Patrón Universal.
Origen Absoluto.   52
Configuración Interna de la Unidad Existencial.   57
LA FUNCIÓN EXISTENCIAL.   61
Modelación de una "instalación" o una re-
Creación del hiperespacio de existencia.   71
Configuración del Dominio Material.   77
El Patrón Primordial "Oculto".   79
Naturaleza Binaria de la Existencia Espacio y
Tiempo.   83
Sustancia Primordial.   87
Materia y Energía. Partículas Gravitacionales.   107
Temperatura.   113
Descripción Matemática de la Eternidad.   120
Generación de la Pulsación Universal.   124
Armonía. Leyes Universales.   126

**En la Cónsola del Centro de Creación de Todo
Lo Que Observamos y Experimentamos.**   129
Hipersuperficie "portadora" del proceso
consciente de sí mismo.   143

Hipersuperficie de control de evolución
de la Tierra.   147
Hipersuperficie de control del estado de
sentirse bien del proceso SER HUMANO.   149
Hipersuperficie ZΦ en la Estructura de Control
Universal.   150
Hiperanillo de Circulación de ZΦ.   151

Caos y Determinismo.   153
Cosmología. Ciencia y Teología.   159
Constante Matemática e.   165

**¿Cómo develar el origen y evolución del
universo?**   183
Mecanismo de Re-Energización de la Unidad
de Vida Primordial.   185
Re-Creación de la Unidad Existencial.
Primera aproximación por Trenes de Ondas.   201
Teoría de Todo.   217
Sistema Termodinámico Primordial.   227

Conclusión.
En relación a la Teoría de Todo.   245
Conclusión.
En relación a la FUNCIÓN EXISTENCIAL.   251

¿Qué más podemos explorar?   255

Autor.   257
Apéndice. Otros Libros.   259

AGRADECIMIENTO

A Dios,
Consciencia Universal,
Proceso ORIGEN del ser humano,
por haberme estimulado a interactuar para reconocerle plenamente primero, y "saltar" luego a otra dimensión de consciencia
del proceso universal, de la realidad existencial, y juntos haber
hecho posible mi más grande experiencia como ser humano en la
Tierra y en nuestro tiempo;
y por guiarme en esta primera versión de la participación de la
gran aventura racional de la especie humana por la que entramos
a Su mente.

A mi esposa,
mi compañera de vida,
quién viene ayudándome a hacer realidad la participación de mi
experiencia de haber llegado al Origen de Todo Lo Que Existe,
Todo Lo Que Es; al Origen de DIOS mismo, del ser humano, de
nuestro universo y todo lo que en él se observa y se experimenta.

Nota de Apertura

Me encontraba yo hojeando un libro en el centro de regalos *El Comerciante del Espacio* en el Centro Espacial de la NASA en Houston, Texas, cuando escuché a dos jóvenes preguntarse cómo era posible que si en el espacio afuera de la Tierra no hay presión ambiental, espacial, y un astronauta abre la escotilla de su módulo o nave espacial, sus cuerpos sufrirían una "explosión", a causa de la descompresión total de su cabina, mientras que en ese mismo espacio exterior hay presente una fuerza que mantiene unido al sistema solar, a la galaxia, y hasta al universo mismo, todo.

- ¿Cómo es posible? - escuché preguntar con voz femenina.

Cerré el libro que estaba hojeando, lo dejé en el estante frente a mí, y volví mi vista como si estuviera buscando otro libro en el extremo frente al que se encontraban los jóvenes, y desde allí eché una lenta mirada por toda la estantería de pared hacia donde yo estaba parado. Finalmente tomé uno al frente mío, al que ya le había puesto mis ojos un rato antes y que deseaba revisar después del que había estado hojeando.

Los jóvenes, muy próximos a mí, estaban revisando uno de los libros del estante dedicado especialmente a la odisea de Apolo 13. Era una parejita de tal vez unos dieciocho o diecinueve años de edad, y realmente me sorprendió la seriedad y profundidad de la pregunta, y reto al mismo tiempo, de la muchacha para su compañero.

- ¿Cómo puede ser eso? Vacío en el espacio, pero una fuerza de gravedad tan intensa como para mantener todo unido... ¡Hey! ¿Qué crees tú? - le instó ella al mismo tiempo que le daba un toquecito con sus caderas a su compañero que seguía con su vista fija en una página del libro.

- No... no sé - le respondió él, y agregó - Tal vez algún día lo sepamos, ¿quién sabe? Y tú, ¿qué crees?

Me sorprendió esta breve parte que escuché de la interacción entre ambos, y mientras tomaba el otro libro, comencé a alejarme un poco hacia el extremo opuesto. Me pareció que no debía romper ese momento tan especial entre ellos y que yo no deseaba interrumpir. Estaban compartiendo y disfrutando de la experiencia del desarrollo de la respuesta humana a una fuerza primordial, a una atracción entre varón y mujer, y en esos momentos expresando también una inquietud racional no menos primordial sobre otra fuerza natural. ¿Llegarían a percibir que ambas fuerzas están íntimamente conectadas?, me pregunté a mí mismo.

Me alejé pensativo, pues éste es un aspecto del proceso existencial, del universo y de sus mecanismos energéticos, y de la inteligencia de su evolución y de todo lo que contiene y sustenta, de los que me encanta hablar, pero obviamente no era mi lugar ni mi momento. Me detuve a continuar hojeando, pero, ya no pude concentrarme en revisar el libro que había escogido. Ya no tenía interés en ese libro ni en ningún otro. Mi mente se había fijado en esa inquietud de los jóvenes, una inquietud que realmente me llamó la atención porque expresaba una gran madurez mental de esa muchacha con respecto a ese aspecto del espacio universal, de ambos en realidad pues la respuesta de él, su compañero, de ninguna forma indicó desinterés sino un simple desconocimiento, nada más.

Al rato, mientras continuaba disfrutando la visita con mi familia, montados en un simulador de una nave espacial, recordé la profunda reflexión y expectativa de Stephen Hawking en la conclusión[*] de su libro *A Brief History of Time* y comencé a delinear en mi mente mi proposición, mi respuesta en realidad, a esa expectativa; una respuesta que tengo desde hace ya un tiempo y sobre la que he venido buscando cómo compartirla, precisamente, con todos.

El primer paso fue encontrar una motivación, una argumentación fundamental, inespeculable, aceptable y entendible por todos, válida para todos los individuos de la especie humana sin excepción, que estimule a revisar un aspecto del proceso existencial que hasta ahora se considera que está al alcance de solo unos pocos especialistas en áreas del procesamiento racional de la información energética universal y de las interacciones entre la especie humana y el origen, ya sea Dios o el proceso universal, del que ella proviene y es parte inseparable.

Esa extraordinaria motivación se presenta en la sección IV de la Introducción que sigue, sección a la que llegaremos partiendo de las mismas preguntas planteadas por Hawking pero relacionándolas con una inquietud primordial, fundamental y común para todos, absolutamente todos los individuos de la especie humana, siendo todos ordinarios, simples frente al mismo y único origen del que todos provenimos.

(*)
En el último párrafo de la conclusión de su libro *A Brief History of Time*, página 191 de la versión corriente (Julio 2015), Stephen Hawking plantea una vez más la pregunta fundamental del filósofo acerca de la motivación de la existencia del universo y del ser humano, y frente a todas las teorías que la ciencia desarrolla para explicar el origen y entender el funcionamiento del universo propone que la teoría adecuada será la que todo el mundo entienda, no sólo unos pocos especialistas del proceso racional tales como filosofía, teología, y ciencias en general, física, matemáticas, cosmología. Después de todo, todos los seres humanos provenimos del mismo único origen, y todos deberíamos ser capaces de revisar y discutir lo que se proponga como respuesta a algo que nos concierne íntimamente a todos y cada uno. Encontrar la respuesta a esta pregunta fundamental de la especie humana significaría conocer a Dios.

Atrevámonos a explorar el proceso existencial, nuestro proceso ORIGEN

Somos seres con una capacidad racional natural extraordinaria, aunque todavía en desarrollo limitado, mayormente en estado latente frente a nuestro potencial ilimitado que es condicionado culturalmente. El estado de nuestra civilización, sus problemas globales que ni Ciencia ni Teología resuelven todavía, nos dice de esta limitación a pesar de nuestro tan proclamado desarrollo de nuestra capacidad racional; capacidad que si no la desarrollamos plenamente es sólo por una distorsión del temor natural. No reconocemos a la distorsión del temor natural porque es la orientación de referencia por la que se ha desarrollado nuestra civilización de la especie humana en la Tierra, orientación que fue inducida desde las primeras generaciones humanas y ha quedado enmascarada en interpretaciones de fenómenos energéticos y primordiales que son parte de nuestras referencias actuales fuertemente arraigadas en la estructura de identidad, y su consciencia colectiva, de la especie frente al proceso existencial [Refs.(A).2, Libros 1, 2 y 3; (C).1].

El temor cultural se realimenta con la ignorancia, con la falta de consciencia, de entendimiento del proceso ORIGEN del que provenimos, en la estructura de control de desarrollo de nuestra capacidad racional inherente con la que llegamos a esta manifestación de vida temporal [Refs.(A).1, (B).(I).2 y (C).1].

Atrevámonos a hacer una exploración del proceso existencial bajo una nueva visión o percepción en armonía con nuestra naturaleza, con nuestros sentimientos primordiales íntimos, que nos permita superar las limitaciones inherentes al marco de referencia de desarrollo racional prevalente en nuestra civilización.

No nos dejemos intimidar, menos detener, por la aparente frialdad de los conceptos nuevos o diferentes de los que estamos acostumbrados a aceptar como referencias del proceso racional para desarrollo de consciencia, de reconocimiento con entendimiento del proceso ORIGEN del universo y de la especie humana, y de nuestra relación con él.

Hojea inicialmente todo el libro. Hay algo de tu interés en alguna de sus secciones. Hay gráficos simples para todos, suficientes para una introducción para todos; y otros no tan simples dirigidos para estimular a quienes tienen alguna formación en ciencias, para quienes la naturaleza de la información se les hace evidente por sí misma.

Nunca sabremos qué tan lejos podemos llegar cada uno por sí mismo si no lo intentamos. No debemos temer el no llegar adonde deseamos sino el no intentarlo. Con respecto a nuestro ORIGEN, llegar a él, a reconocerlo plenamente y entenderlo, es inevitable; es cuestión de tiempo, de tiempo que depende sólo de nosotros, de nuestra decisión y puesta en marcha conforme a la decisión. Pero también debemos recordarnos que todo lo que realmente cuenta en nuestro desarrollo, en nuestro crecimiento de consciencia frente al proceso existencial, a la vida, al mundo, requiere de nuestro esfuerzo individual, íntimo. Nadie puede desarrollar nuestra propia consciencia por nosotros; nadie, sino sólo nosotros.

Atrévete a pensar por ti mismo; a crear tu camino personal, único, hacia la Verdad Absoluta de Todo, hacia la Realidad Absoluta, hacia la Consciencia Universal de la que eres una unidad en desarrollo hacia Ella.

Atrévete a cuestionar; no para interferir, sino para construir, buscando razonamientos, relaciones causa y efecto impecables, consistentes con las observaciones de la fenomenología energética universal y con los sentimientos y las emociones que te definen frente al proceso UNIVERSO del que eres parte inseparable y cuya información llevas en ti, en la estructura energética que te sustenta como una individualización temporal del proceso SER

HUMANO eterno.

Todo está a tu alcance; de todos. No depende de nada cultural sino de tu decisión íntima frente a tu esencia a la que sólo reconoces por ti mismo.

Introducción

El logro de una gran aventura racional
nos abre las puertas para hacer realidad la más
grande experiencia del ser humano:
hacernos partes conscientes, interactivas, del
proceso ORIGEN

Notas sobre nuestro español.

Conciencia y Consciencia.

Se emplean las dos palabras *conciencia* y *consciencia* para destacar con *conciencia* al aspecto moral del reconocimiento de sí mismo del ser humano y, o su estructura de referencia, de las normas y reglas que rigen su comportamiento, mientras que *consciencia* se refiere al *reconocimiento con entendimiento* del proceso existencial y sus manifestaciones, particularmente en el dominio energético primordial (o espiritual).

Hay una *consciencia primordial*, un reconocimiento que no depende de la actividad racional, y una *consciencia, entendimiento* que se desarrolla por el proceso racional, por el proceso de establecimiento de relaciones causa y efecto a partir de la *consciencia primordial*, del reconocimiento que precede al proceso racional.

Separaciones de palabras.

Con el fin de enfatizar en algunos aspectos y, o conceptos se hace uso de separaciones en palabras que los describen y que usualmente no se separan pero lo permiten, como *re-creación* (volver a crear) para no confundirla con recreación (entretenimiento), y en otros casos como *re-asociación* (de sustancia primordial, partículas), *re-distribución* (energética) y *re-ajuste* (del arreglo de identidad temporal cultural), para acentuar el concepto.

I

Al alcance de todos

¿Qué vamos a explorar?
¿Por qué nos interesa a todos, sin excepción?

Resumen

Vamos a ir al Origen Absoluto de Todo Lo Que Es, Todo Lo Que Existe; al Origen de Dios y del ser humano; al Origen de nuestro universo y de la vasta manifestación de vida que permite y sustenta; al Origen de todo lo que observamos y experimentamos.

Llegaremos a la configuración primordial de la Unidad Existencial de la que nuestro universo es el entorno, el "vecindario" que se alcanza desde la Tierra, y exploraremos su estructura energética que sustenta la FUNCIÓN EXISTENCIAL consciente de sí misma, la Consciencia Universal a Quién llamamos Dios.

¿Por qué querríamos hacerlo?

- Porque siendo nosotros, los seres humanos, unidades de consciencia de la Consciencia Universal, nuestro estado natural de sentirnos bien y la calidad de nuestra experiencia de vida diaria dependen directamente de nuestra relación consciente, individual y colectiva, con ella.

- Porque a menos que el ser humano establezca la interacción consciente íntima, personal, con la Consciencia Universal de la que es parte inseparable, no puede regresar a su estado primordial, o mantenerlo, frente a cualquier y todas las circunstancias de vida a las que le toque enfrentar, ni crear un propósito frente a la circunstancia de vida particular en la que se encuentra o a la que llega a esta manifestación de vida temporal.

Relación entre el estado primordial del ser humano, *estado de sentirse bien*, y su origen, la Fuente, la Unidad Existencial consciente de sí misma.

Somos unidades de consciencia, partes inseparables de la Consciencia Universal absolutamente eterna, de la consciencia de sí misma del proceso existencial que tiene lugar en la Unidad Existencial, en el Universo Absoluto fuera del cuál nada hay.

El proceso existencial es compuesto por todas las re-distribuciones de energía, la re-energización de las estructuras materiales, sus disociaciones y re-asociaciones, las interacciones entre estructuras de información, y la comparación entre sus efectos en diferentes entornos y tiempos que tienen lugar dentro de la Unidad Existencial.

Luego, los seres humanos, como unidades de consciencia de la Unidad Existencial, llevamos en nosotros mismos la información para acceder a la característica natural, primordial, absoluta, de la relación e interacción entre todos los componentes interactuantes por los que se define y se sustenta la Consciencia Universal del proceso existencial y la de todas sus unidades conscientes de sí mismas.

Esa característica de relación e interacción por la que se sustenta el reconocimiento con entendimiento de sí mismo del proceso existencial es *armonía*.

Ahora bien.

La Unidad Existencial es eso, Unidad Absoluta.

—

Fuera de la Unidad Absoluta nada hay, nada existe, nada se define; por lo tanto, el proceso por el que ella se reconoce y se entiende a sí misma, y por el que se sustenta su consciencia, es naturalmente el *estado de sentirse bien.* No hay otro estado para ella. La Unidad Existencial es simplemente Lo Que Es, Como Es, y sus unidades, los seres humanos, vamos a experimentar la misma consciencia de ese estado natural, el *estado de sentirse bien,* como lo definimos ahora, cuando todo lo que tiene lugar en nosotros esté en armonía con el proceso del que somos partes inseparables y en el que siempre, inevitable e inescapablemente, estamos inmersos.

El estado de sentirse bien es el estado de referencia absoluta de la Unidad Existencial.

Siendo la Unidad Existencial la entidad absoluta, ella y el proceso existencial que establece y sustenta, son cerrados absoluta, eternamente. Luego, toda unidad de proceso temporal consciente de sí misma es una "copia", una re-creación a otra escala energética a *imagen y semejanza* del único proceso eterno consciente de sí mismo que tiene lugar en toda la Unidad Existencial.

El estado de sentirse bien es el estado natural de todas las relaciones causa y efecto que conforman la FUNCIÓN EXISTENCIAL, y es, obviamente, el estado que rige la re-creación de las unidades de consciencia de la Consciencia Universal.

El estado de sentirse bien es el *estado de consciencia primordial* del ser humano.

El estado de sentirse bien es el *estado de consciencia primordial* desde el que partimos para el desarrollo de nuestra *identidad temporal cultural.*

La *identidad temporal cultural* es la que desarrollamos forzadamente primero (por enseñanza e inducción, o influencia, de la consciencia colectiva del grupo social humano al que pertenecemos), y luego por nuestra voluntad; es el complejo arreglo de causa y efecto particular, único para cada uno de

los seres humanos, que nos dirá qué hacer, en el ambiente social en el que estamos, para regresar a nuestro estado natural de *sentirnos bien* y, o mantenerlo, y que estimula el proceso racional para buscar cómo llevar a cabo lo que hay que hacer para lograrlo.

El proceso SER HUMANO es la re-creación del proceso existencial que se sustenta sobre una estructura energética, nuestro cuerpo, que es absolutamente análoga funcionalmente a la de la Unidad Existencial que tiene otra forma completamente diferente. Nuestra estructura energética es una "coalescencia", una demodulación de un arreglo de la red espacio-tiempo en la que se halla inmersa la Tierra; demodulación que tuvo lugar cuando en nuestro planeta se alcanzaron las condiciones energéticas adecuadas. Esta demodulación es por la que se rigió la evolución de la asociación de partículas y moléculas de vida (moléculas ADN) que forman nuestra estructura energética trinitaria *alma-mente-cuerpo*, por un mecanismo que ahora podemos explorar tanto como queramos y estemos dispuestos a hacer; pero, para ello, antes necesitamos conocer la Unidad Existencial. Sin embargo, si no es de nuestro interés, no necesitamos realmente conocer la estructura energética de la Unidad Existencial para estar en armonía con la FUNCIÓN EXISTENCIAL que ella sustenta, sino vivir de acuerdo con las *Actitudes Primordiales* en nuestras experiencias de vida [Apéndice, Otros Libros, referencias (A).1 y (B).(I).2].

El estado de sentirse bien del ser humano es indicación de su armonía con el proceso ORIGEN, con Dios.

En la última sección de esta introducción presentamos una revisión un poco más detallada de nuestro estado de *sentirse bien* y su relación con la Inteligencia de Vida Primordial de la que provenimos y de la que somos parte inseparable. Convenientemente, la revisitamos luego de ver el alcance de nuestra exploración en la que nos embarcaremos.

II

Origen del proceso SER HUMANO

El origen energético del ser humano en la Tierra es Creación o e-volución, o ambos, y a él llegaremos.

Cualquiera que sea el origen del ser humano, para llegar e-nergéticamente a él hay que ir al instante antes del "disparo" del fenómeno del Big Bang, del evento que dio lugar a nuestro universo y la Tierra.

Nada alcanzaremos, energética y funcionalmente con respecto a la Unidad Existencial, al Universo Absoluto sobre el que tiene lugar y se sustenta la FUNCIÓN EXISTENCIAL consciente de sí misma, DIOS[a], ni a nuestro universo ni al ser humano, si no "cruzamos" la barrera de tiempo y espacio para ir al centro de control del fenómeno del Big Bang.

Nos interesa llegar a la Unidad Existencial porque contiene el ambiente espacial y energético a nivel primordial del que proviene y por el que se sustenta el proceso energético UNIVERSO, el que por una parte ha dado lugar, a su vez, al ambiente energético local, la Tierra, que nos sustenta a la manifestación de vida universal y a nosotros los seres humanos, y por otra parte nos provee la vasta diversidad de información y estimulaciones que necesitamos los seres humanos como unidades de proceso SER HUMANO para desarrollar consciencia, el reconocimiento con entendimiento del proceso existencial en el que estamos inmersos y del que somos partes inseparables.

Hay tres aspectos energéticos fundamentales cuyo reconocimiento hay que alcanzar para poder "cruzar" mentalmente el proceso existencial desde donde ahora nos encontramos, la Tierra, y hacia el instante previo al Big Bang, hace unos... ¡catorce mil millones de años terrestres! (según las estimaciones prevalentes de la comunidad científica). Esos aspectos (que veremos con algunos detalles más adelante) son los siguientes,

- Presencia del espacio primordial que ya existía antes del "disparo" del Big Bang; espacio sobre el que se encontraba y en el que se expandió el "paquete" de energía disponible por el que se inició nuestro universo; espacio sobre el que todavía continúa la expansión de nuestro universo.
  Nuestro universo no es la Unidad Absoluta.
  La Unidad Existencial, <u>la estructura energética que sustenta el proceso existencial eternamente consciente de sí mismo</u>, ya estaba presente, obviamente, antes del Big Bang.

- Sustancia primordial que conforma el *fluído primordial* que llena la Unidad Existencial; fluído en el que Todo Lo Que Es, Todo Lo Que Existe, se halla inmerso.

- Comportamiento en la periferia límite del volumen ocupado por el *fluído primordial* frente a la nada, a la no existencia, al vacío absoluto fuera de la Unidad Existencial.

Nos interesa conocer energética, mecánicamente a Dios, y la vinculación energética y mecánica que nos hace una sola estructura, además de ser unidades de una sola Consciencia Universal.
« Somos Uno ».
La estructura energética de la Unidad Existencial es el *cuerpo* de Dios, es la estructura que estimula y sustenta la FUNCIÓN EXISTENCIAL, el proceso racional absoluto consciente de sí mismo que tiene lugar en la *mente* de Dios, en el manto energético espacio-tiempo, siguiendo una REFERENCIA ABSOLUTA, eternamente inmutable: el *alma* de Dios, el Espíritu de Vida.

Muchos creen que el universo es Dios, que el universo es el cuerpo de Dios. Es una aproximación válida inicial si sólo nos limitáramos a explorar nuestro universo como la Unidad Existencial, y aunque eso es suficiente para satisfacer los propósitos de todos de disfrutar plenamente la vida y ejercer nuestro poder de creación para crear experiencias, cambios y propósitos, no resuelve la inquietud por el funcionamiento del universo, la consolidación de las leyes universales, la razón por la que el mundo es como es, ni el aspecto fundamental acerca de qué ocurre cuando dejamos esta manifestación de vida temporal. En cambio, ahora y aquí, deseamos llegar al Origen Absoluto, y también saber cómo nos movemos nosotros, los seres humanos, en la eternidad, pues de allí venimos. Precisamente, el considerar al universo como la Unidad Energética absolutamente aislada es lo que no ha permitido reconocer el alcance real de la *Segunda Ley de la Termodinámica* que luego revisaremos y entenderemos.

Esta introducción nos lleva a la estructura energética en otro dominio o nivel energético que no alcanzamos por los sentidos materiales ni por la instrumentación, pero sí por la mente; estructura con la que estamos conectados realmente, de la que somos parte inseparablemente. Nuestros sentidos sólo alcanzan un rango o un sub-espectro de señales para el que se definen, para el que han sido "diseñados" o al que han evolucionado; igual que un receptor de radio que recibe todas las señales de radio pero sólo discrimina o identifica aquéllas para las que está sintonizado, para las que tiene un ancho de banda, un sub-espectro de recepción para el que ha sido diseñado. Nuestra mente es un "canal" o un sub-espectro de la mente universal, de la mente de Dios, y a través de ella hoy podemos llegar a Él, a su estructura energética en otro dominio[b], en otra dimensión energética. Con la instrumentación pasa lo mismo; no importa qué tan sofisticada sea es sólo instrumentación del dominio material y siempre va a estar limitada al dominio material; <u>no importa qué tan lejos llegue o tan profundo penetre, el alcance de la instrumentación es siempre limitado por estar definida por componentes materiales</u>. En cambio, la mente está en otro dominio energético al que no llegan los sentidos materiales ni la instrumentación. Incluso, habiendo reconocido la estructura primordial de la Unidad Existencial, hoy podremos penetrar en todos los sub-niveles de nuestra propia mente debido a que nuestra estructura trinitaria *alma-mente-cuerpo* es, a otra escala energética, funcionalmente una *imagen y semejanza* de la estructura primordial; la función SER HUMANO es parte de la FUNCIÓN EXISTENCIAL, tal como una sonda espacial en Pluto es parte del sistema de adquisición de datos cuyo control está en la Tierra (la única diferencia está, aparte de la complejidad, en la frecuencia de comunicaciones entre el proceso SER HUMANO y Dios, o DIOS). La especie humana universal (no solo la especie humana en la Tierra) y todas las manifestaciones de vida son parte de la Unidad Binaria[c] de Interacciones Conscientes del proceso existencial a la que exploraremos luego.

[a]
Continuaremos refiriéndonos indistintamente a DIOS o Dios como dimensiones de consciencias (Consciencias Existencial y Universal), y más adelante veremos la diferencia en la estructura de la Unidad Existencial y su relación con el Origen absoluto de ambos, DIOS y Dios.

[b]
Por ahora, dominios energéticos son simplemente dos: dominio definido por la presencia de todo lo que es *visible*, detectable por nuestros sentidos y la instrumentación, y dominio *no visible*, de todo aquello a lo que no llegamos sino por la mente y por la experiencia de sus efectos en nuestra estructura de consciencia.

[c]
Una *unidad binaria* significa que se define por dos componentes inseparables. Por ejemplo, una *unidad de reproducción de vida* (macho y hembra) es una unidad binaria pues requiere de dos componentes diferentes para conformar la unidad de reproducción. Un átomo es una entidad binaria pues se define por la asociación de electrones y núcleo.

Una *unidad trinitaria* se define por tres componentes inseparables. Por ejemplo, la trinidad del proceso SER HUMANO: *alma-mente-cuerpo*.

III

Alcance de esta exploración

Dada la cantidad de elementos de información involucrados, nos introduciremos, sólo nos "asomaremos" realmente, a la configuración espacial y la estructura energética del Universo Absoluto, de la Unidad Existencial que sustenta la FUNCIÓN EXISTENCIAL que se reconoce a sí misma, y cuya dimensión de consciencia en nuestro universo llamamos Dios.

A la Unidad Existencial se arribó luego de una gran aventura racional de interacción íntima con el proceso universal en el que estamos inmersos y del que todos somos partes inseparables [Ref.]
(A).2, Libros 1, 2 y 3.

Por medio de esa interacción íntima pudieron romperse las barreras del tiempo y espacio para llegar al entorno, a un "vecindario" de la Unidad Existencial donde se encontraba el "paquete" de energía disponible desde el que se inició el universo, nuestro universo, luego del "disparo" del Big Bang, del evento de expansión de ese "paquete" sobre el colosal manto u océano de *fluído primordial*[a] contenido por la Unidad Existencial. Mostraremos parte del camino racional para romper, para superar las barreras de tiempo y espacio para llegar no sólo al instante previo al "disparo" del Big Bang, sino al proceso eterno que originó el "paquete" de energía disponible para ese evento.

Exploraremos la Unidad Existencial y la estructura sobre la que se establece, define y sustenta Dios, la Consciencia Universal, y de allí traeremos las respuestas a las inquietudes fundamentales comunes a todos los seres humanos, y las soluciones particulares, específicas, a los dos retos racionales más grandes de la especie humana presente en nuestro planeta, científico uno, teológico el otro.

Esas inquietudes y retos son los siguientes,

- ¿Qué, Quién es realmente nuestro origen, al que muchos llaman Dios mientras que otros consideran que es el universo, las fuerzas primordiales, la naturaleza, el Gran Espíritu, la Fuente, o simplemente el Origen?

  ¿Podemos conocerle, desde ahora, desde la Tierra?

  ¿Cómo llegamos a esta manifestación de vida en la Tierra? ¿Por Creación? ¿Por evolución?

  ¿Cuál es nuestro propósito en la FUNCIÓN EXISTENCIAL?

  ¿Podemos interactuar íntima, conscientemente con nuestro Origen? ¿Cómo?

  ¿Cómo podemos, todos los seres humanos, tener las experiencias de vida que deseamos, libres de sufrimientos e infelicidades que plagan a la especie desde su arribo a la Tierra? ¿Por qué el mundo es como es? ¿Por qué muchos llegan sufriendo?

- Origen y evolución del universo, de nuestro universo, que es el entorno o ambiente del Universo Absoluto, de la Unidad Existencial o de la fuente primordial absoluta, que se alcanza desde la Tierra; origen y evolución que la ciencia modela, aunque limitadamente, por el Modelo Cosmológico Standard.

- Estructura energética de la TRINIDAD PRIMORDIAL, Dios, que la Teología Cristiana reconoce como *Padre, Hijo y Espíritu Santo* (o Espíritu de Vida).

  Un componente de la TRINIDAD PRIMORDIAL supervisa el proceso de la re-distribución energética de la Unidad Existencial toda, y rige la FUNCIÓN EXISTENCIAL consciente de sí misma que tiene lugar en un entorno en particular de la Unidad Existencial.

Para todos los seres humanos simples, ordinarios (que solo desean disfrutar el proceso existencial, la vida; sus consciencias de sí mismos y del universo todo y sus extraordinarias manifestaciones energéticas y de vida; sus consciencias de placer y sus poderes de creación de potencial ilimitado), las respuestas a todas sus inquietudes fundamentales, íntimas y colectivas, y a los dos mayores retos racionales científico y teológico antes descriptos, se hacen parte de lo que aquí llamamos *Modelo Cosmológico Consolidado Científico-Teológico*. Este modelo racional nos provee la estructura energética de la Unidad Existencial y la FUNCIÓN EXISTENCIAL consciente de sí misma, Dios, que ella desarrolla y sustenta sobre una configuración interna de interacciones que resulta ser la TRINIDAD PRIMORDIAL; y nos provee nuestra relación energética y funcional colectiva e individual con la Unidad Existencial y con Dios, y el mecanismo y las razones por las que los seres humanos, todos, podemos y debemos establecer la interacción consciente, íntima, particular con el Origen del que provenimos, con el Origen de todo lo que observamos, nuestro universo, y de todo lo que experimentamos, los sentimientos y las emociones. El mecanismo por el que provenimos desde nuestro Origen está a nuestro alcance, no importa en este instante el que sea, si es por una Creación, de la que se infiere entonces que haya un pre-diseño o una pre-concepción por el Creador con un propósito particular para nosotros los seres humanos; o por una simple evolución, en cuyo caso no hubo ningún propósito particular para nada ni nadie que resulte de esa evolución, incluyendo al ser humano, el que entonces tiene la responsabilidad de crear sus propósitos, individual y colectivo, (una posibilidad que inquieta a muchos mientras que libera a otros).

Obviamente, para obtener el *Modelo Cosmológico Consolidado Científico-Teológico*, que es la descripción energética y funcional de la Unidad Existencial, antes hubo que reconocer a la Unidad Existencial. El reconocimiento de cualquier manifestación existencial precede al proceso racional por el que se describe el reconocimiento. No se puede describir nada que no se haya reconocido previamente.

El reconocimiento de la configuración de la Unidad Existencial que exploraremos se alcanzó primordialmente, y se confirma en la consolidación de la vasta información suministrada por toda la fenomenología energética observada y experimentada en todos los entornos espaciales y temporales de nuestro universo.

Llegar, visualizar espacialmente a la Unidad Existencial en la mente, fue el resultado de la gran aventura racional de interacción con el proceso universal para consolidar todos sus elementos de información. La consciencia, el conocimiento, el reconocimiento con entendimiento del proceso existencial, es resultado de una asociación de las estructuras de información conforme a un arreglo y orden natural que solo pueden alcanzarse interactuando en armonía con el proceso del que provenimos y en el que estamos inmersos. Nosotros, los seres humanos, llevamos en nuestro arreglo energético, biológico, el *protocolo*[b] *de interacción* con el proceso universal; este protocolo es el mismo por el que tuvo lugar la interacción de evolución energética (la interacción entre el universo, el ambiente energético en la Tierra y las estructuras de vida) por la que llegamos a nuestro arreglo biológico que hoy sustenta el proceso SER HUMANO en la Tierra. **En otras palabras, hay una interacción inconsciente para llegar a nuestra manifestación temporal, y luego una interacción consciente para regresar a nuestro Origen.**

Aunque ya estamos dentro de la Unidad Existencial (no podemos dejar de estar en ella pues fuera de ella nada existe, nada se define, nada hay; y nuestro universo es parte de ella), aquí, por esta introducción en este libro ¡entraremos funcional y conscientemente a ella con nuestra mente!; y realmente podemos aprender a navegar por ella, sin movernos de nuestro centro de exploración mental, y no sólo sin dejar de disfrutar nuestra experiencia de vida en este entorno, sino disfrutando más o comenzando a cambiar la realidad existencial en la que nos encontremos.

Para la ciencia traeremos las bases para la Teoría de Todo, la teoría que permite unificar los campos de fuerzas universales, los *campos gravitacional*[(c)] y *cuántico*[(d)], en un solo *campo de fuerza primordial* que nos permita explicar el funcionamiento del universo en todos sus entornos espaciales y temporales, en el micro universo y en el macro universo. Esta unificación no es posible sino después de reconocer que nuestro universo es un entorno de la Unidad Existencial que alcanzamos desde la Tierra, un entorno que se originó en un "paquete" de energía disponible de la Unidad Existencial y que fue liberado en el evento del Big Bang. Para reconocer la Unidad Existencial debemos cruzar las barreras del tiempo y espacio para presenciar ya sea el "disparo" del Big Bang (de la expansión del "paquete" de energía disponible de la Unidad Existencial) o lo que realmente ocurrió que dio origen a nuestro universo. Realmente hubo un origen de nuestro universo; nuestro universo fue resultado de una expansión que todavía está en progreso (a la que luego revisaremos) pero no fue a partir de una singularidad energética (de un "paquete" energético de masa infinita) como ha sido interpretada por muchos en la ciencia.

No sólo unificaremos los *campos gravitacional y cuántico* sino que podremos ver el origen de las fuerzas que se ponen en juego en nuestras interacciones con el proceso existencial para establecer relaciones causa y efecto, y para el desarrollo de conscientización; fuerzas tales como *amor, temor, deseo, interés*.

La unificación de los *campos gravitacional y cuántico* en un solo *campo primordial* es la confirmación de haber llegado energética y funcionalmente a la Unidad Existencial en relación al proceso UNIVERSO.

Para la teología traeremos la estructura de la TRINIDAD PRIMORDIAL que la Teología Cristiana reconoce como *Padre, Hijo y Espíritu Santo*. De particular interés es que ahora sabremos Qué, Quién es cada componente de la TRINIDAD PRIMORDIAL, y en especial, dónde reside lo que llamamos Espíritu Santo, y cómo se describe matemáticamente una muy elemental versión energética de Él a la que alcanzamos racionalmente ahora.

Teniendo en cuenta las inquietudes fundamentales de todos los seres humanos y los retos particulares en las áreas de exploración del proceso existencial que son competencia de la Ciencia y Teología (que son simplemente disciplinas del proceso racional de la información energética y las experiencias del proceso existencial), podemos precisar formalmente, en el apartado siguiente, el alcance del *Modelo Cosmológico Consolidado Científico-Teológico* como descripción racional de la Unidad Existencial.

Modelo Cosmológico Consolidado Científico-Teológico.

- Muy simplemente,
  El *Modelo Cosmológico Consolidado Científico-Teológico* describe energética y funcionalmente a DIOS[e] y su relación con el universo y el ser humano.

- Algo más elaborado,
  Este modelo racional describe a la Unidad Existencial, a la fuente primordial, absoluta, eterna, de la existencia consciente[f] de sí misma, y al proceso de intercambio energético e interacciones entre constelaciones de información por los que la consciencia de la existencia, la Consciencia[f] de la Unidad Existencial o Consciencia Primordial, se sustenta a sí misma.
  El intercambio e interacciones de consciencia de la Unidad Existencial tienen lugar en la estructura TRINIDAD PRIMORDIAL, y de ésta la trinidad humana es individualización a *imagen y semejanza*.
  El proceso de intercambio energético e interacciones es parte de un mecanismo de re-creación de sí misma de la Unidad Existencial, por el que se re-energiza y re-estimula su estructura de Consciencia; y de ese mecanis-

mo es parte nuestro universo y la especie humana.

Como vemos, hay una gran diferencia entre el Modelo Cosmológico Consolidado Científico-Teológico y el Modelo Cosmológico Convencional Prevalente o Modelo Cosmológico Standard, no solamente desde los puntos de vista científico y teológico, sino y fundamentalmente por el alcance e impacto sobre todos los seres humanos en sus búsquedas y logros de la felicidad y la plena realización de sí mismos, aspecto que veremos con detalle en la sección siguiente. El Modelo Cosmológico Standard sólo nos provee, insatisfactoriamente, la estructura energética y funcional de nuestro universo, con inconsistencias no resueltas, y no nos dice nada de él como un proceso consciente de sí mismo, como Consciencia Universal, ni como el ambiente de re-creación y desarrollo de las unidades de consciencia (los seres humanos) de la Unidad de Consciencia Primordial (siendo la Consciencia Primordial el reconocimiento con entendimiento de sí misma de la Unidad Existencial).

Es también propósito de este libro mostrar que entender el proceso existencial está a nuestro alcance, de todos, si tenemos interés; y que es de nuestro mayor interés entenderlo, pues de nuestra relación interactiva consciente con él depende nuestra plena realización como seres humanos con poder de creación con potencial ilimitado y consciencia de su disfrute para hacer realidad la mayor experiencia a la que podemos concebir, incluyendo llegar y experimentar a Dios mismo.

Presentaremos una aplicación muy mundana, de interés y al alcance de todos, que llevó a un hombre en el pasado a descubrir por ella a la relación absoluta que rige las interacciones entre dos dominios energéticos que establecen y definen a nuestro dominio material, nuestro universo, ¡sin que se haya reconocido como tal hasta el día de hoy! Esa relación primordial, absoluta, es la base para la generación de todas las funciones de re-distribuciones energéticas de la Unidad Existencial; es la base de la FUNCION

EXISTENCIAL consciente de sí misma. Esta relación absolutamente constante, es la base de los logaritmos naturales a la que llamamos *constante matemática e* (*e* es el número 2.718...) Puede que no a muchos les interesen las matemáticas, pero no dejará de interesarnos a todos el hecho de que podamos alcanzar por sí mismos, todos quienes tengan interés, la base de generación del *algoritmo del control de sí misma* de la FUNCIÓN EXISTENCIAL... ¡a través de la misma aplicación por la que los Bancos de dinero hacen sus fortunas! Revisaremos esta aplicación. En la interacción por la que se genera interés por el trabajo del dinero, por el movimiento de dinero (analogía de la energía), veremos la analogía de las interacciones entre los dos dominios energéticos cuyas re-distribuciones establecen y definen nuestro dominio material.

(a)

Fluído es una sustancia que no tiene forma propia y que fluye fácil, continuamente, frente a la aplicación de presión. El aire y agua son fluídos. Cualquiera de nuestros océanos es un manto de fluído, de agua, que toma la forma de la superficie terrestre y fluye (caso de las corrientes marinas) por la diferencia de presión creada por las aguas frías y calientes (entre polos y ecuador) o por diferencia en la salinidad.

(b)

Protocolo es el mecanismo y reglas de interacción.

(c), (d)

Campo gravitacional es el campo de fuerzas hacia los cuerpos materiales. *Campo cuántico* es el ambiente del espacio-tiempo en el que las partículas pequeñas tienen niveles discretos de energía y sus comportamientos no responden a las relaciones causa y efecto de nuestra dimensión espacio-tiempo.

(e)

Luego veremos la diferencia entre DIOS y Dios, dos dimensiones de la Consciencia de Sí Misma de la FUNCIÓN EXISTENCIAL.

(f)

Ver Nota en página 2.

IV

Sentirse Bien

Estado natural, inquietud fundamental, y estimulación del poder de creación del ser humano

Relación con el proceso ORIGEN

La inquietud fundamental de la especie humana es sentirse bien.

Todos, absolutamente todos los seres humanos sin excepción, deseamos sentirnos bien.

Sentirse bien es el estado primordial del ser humano.

Todo lo que hace el ser humano es para sentirse bien biológica, mental y espiritualmente, es decir, en *cuerpo, mente y alma,* respectivamente.

Reconocemos el estado de sentirnos bien frente a la experiencia de ser puestos fuera del estado de sentirse bien por la razón que sea: por nacimiento, por accidente, o como consecuencia de acciones propias o de otros; e incluso por estimulaciones primordiales o espirituales [Ref.(A).2, Libros 1, 2 y 3].

No necesitamos pensar, razonar, para reconocer el estado de sentirse bien al que deseamos regresar cuando somos sacados o puestos fuera de él, sino razonar cómo, qué hacer para regresar a él; por eso decimos que sentirse bien es un estado primordial, un estado que nosotros no hemos creado sino al que deseamos regresar o mantener.

19

No necesitamos pensar en nada ni estudiar nada para saber cuál es nuestro estado de sentirse bien; simplemente venimos con ese conocimiento, con esa <u>consciencia primordial que confiere una referencia absolutamente igual para todos para desarrollar una</u> *identidad particular temporal* <u>a partir de ella</u>, capacidad que luego es afectada culturalmente.

Sufrimos dolor, y entonces deseamos regresar al estado biológico sin dolor.

Experimentamos desasosiegos, temores y preocupaciones, y entonces deseamos regresar al estado mental, o de procesamiento racional, libre de perturbaciones para ejercer plenamente nuestro poder de creación de potencial ilimitado y realizar las experiencias de vida que deseamos.

Sentimos inquietudes espirituales acerca de nuestros propósitos en la vida, y entonces deseamos respuestas u orientaciones y referencias para reconocer nuestros propósitos, o para crearlos.

Tampoco necesitamos aprender nada para *desear* regresar al estado de sentirse bien.

Desear es la palabra con la que nos referimos al sentimiento, a un *impulso absolutamente impensado, involuntario,* que nos mueve, que nos estimula a hacer algo para regresar al estado de sentirnos bien cuando somos sacados de él. Pensamos luego, qué y cómo hacerlo, para regresar al estado de sentirnos bien.

No solo los seres humanos reaccionamos de esta manera frente a lo que nos saca del estado de sentirnos bien. Todas las formas de vida[a] lo hacen, en todo nivel de desarrollo de las estructuras energéticas que las establecen y definen desde una molécula de vida. Una bacteria, si la llevamos a un estado fuera de su estado de sentirse bien, de su estado natural en el que puede vivir, va a reaccionar de alguna manera, <u>va a responder de una manera determinada por una inteligencia, por algún algoritmo de interacción</u>... ¡a pesar de que no es consciente de sí misma! El estado fuera del natural se reconoce en el ser humano, y llama *deseo* al impulso que también reconoce y por el que se pone en marcha, pensando o actuando, hacia el regreso al estado de sentirse bien otra vez; es decir, vamos discriminando elementos de consciencia de la Consciencia Universal en la que estamos inmersos y de la que somos parte. En cambio, la forma de vida simple actúa a instancias de la Consciencia Universal. Ésta, la Consciencia Universal, es la que toma acción frente a las señales que recibe desde la forma de vida. Al nivel de forma de vida simple, la interacción es automática, es inconsciente; tiene lugar conforme a un algoritmo natural inviolable fijo, que es válido entre ciertos límites de espacio y tiempo (algoritmo y mecanismo que da origen a las innumerables diferentes formas de vida a partir de un arreglo básico cuya información compartimos todas las formas de vida). Estamos inmersos en una estructura de inteligencia absoluta que está en otra parte de la Unidad Existencial, fuera de nuestro universo, pero su pulsación está en el espacio inmediato que nos rodea, aunque no la hemos podido discriminar todavía, por una parte, pero la experimentamos en nuestra estructura que nos sustenta como proceso SER HUMANO[b] consciente de sí mismo, por otra parte. A esa inteligencia, precisamente, es que nos dirigimos y la identificaremos energéticamente; y si lo deseamos, ¡interactuaremos conscientemente con ella! ¿Acaso no es eso lo que tratamos de hacer cuando nos dirigimos a Dios, a nuestro ORIGEN?

Somos permanente, incesantemente estimulados a interactuar con la inteligencia primordial, absoluta, para sentirnos bien en todo momento, en toda circunstancia de vida. El sentirnos mal es la respuesta de la versión personal del algoritmo de Inteligencia de Vida Universal que llevamos en nuestro arreglo trinitario, indicándonos, precisamente, que algo está mal en nuestro arreglo trinitario local; nos hacemos conscientes de ello, y entonces buscamos qué hacer, y cómo.

¿Por qué somos estimulados por la inteligencia primordial?

Porque somos partes inseparables de ella, ¿por qué más?

Si nos sentimos mal nosotros, que somos sus unidades, sus individualizaciones en este entorno de la existencia, ella también se siente mal pues todos *"Somos Uno"*.

El estado de sentirse bien es el estado primordial de armo-

nía de todas las formas de vida con respecto a la Inteligencia de Vida Universal, su fuente, su origen, aunque ellas todavía no sean conscientes de sí mismas.

NOTA.

La Inteligencia de Vida Universal es la dimensión en nuestro universo de la Inteligencia de Vida Primordial que se extiende por toda la Unidad Existencial. Hay una jerarquía, un ordenamiento en la estructura energética existencial, pero a diferencia de nuestra jerarquización humana cultural, la jerarquización primordial es para asegurar la transferencia de las mismas propiedades a todos sus componentes (y las mismas oportunidades a sus unidades de inteligencia para los desarrollos de sus consciencias, y para crear y hacer realidad sus experiencias de vida).

Nos cuesta visualizar el ser parte energética (material y mecánicamente) inseparable de la Inteligencia de Vida Primordial, una sola unidad, porque no vemos nuestra conexión energética real que tiene lugar en el dominio de asociación de sustancia primordial no visible. Para visualizarnos como unidad con nuestra fuente tenemos que considerarnos como si ella, la Inteligencia de Vida Primordial, fuera una estación central de control y los seres humanos fuéramos sus unidades de reconocimiento que estamos en otro ambiente, en otro planeta, pero seguimos conectados por una señal, por <u>una onda de radio que nos hace parte del mismo y único sistema</u>. Esa onda, hebra energética, existe entre cada uno de nosotros y Dios, la Inteligencia de Vida Primordial, pero es de una frecuencia que no alcanzan nuestros instrumentos sino nuestro cuerpo, todo. Nuestra estructura biológica es una estructura receptora-emisora primordial; la piel es su antena. La distribución espacial de todas las cadenas genéticas de nuestro cuerpo forma un gran *sistema de resonancia,* un sistema de pulsación o vibración natural que puede dar "saltos" o pulsos de una magnitud distinguible del resto de pulsación; un sistema que es completamente análogo a los de nuestros equipos electrónicos de comunicaciones. En los sistemas electrónicos de los receptores de radio se requiere que el circuito que recibe las señales de radio esté sintonizado a la frecuencia de transmisión (a la frecuencia de la onda portadora de información) propia de la estación transmisora de radio que se desea recibir, y que todo funcione dentro del receptor en armonía con la estación transmisora para que se pueda discriminar la señal que se desea, la onda portadora de la estación transmisora, y demodular o decodificar la información contenida en la onda portadora de información. El mismo código o protocolo de modulación en el transmisor debe estar en el demodulador o decodificador del receptor. Esto ocurre exactamente igual entre Dios, el "transmisor", y todas las formas de vida, todos los "receptores" del universo y de la Unidad Existencial. Este "transmisor" es el que luego vamos a visitar y podremos visualizar el sistema que conformamos. Cuando experimentamos una emoción, ésta es una resonancia (una exuberancia de energía que se libera) de nuestro sistema resonante, de nuestro sistema de pulsación o vibración, y esta resonancia se transfiere al espacio. ¿Acaso no se habla de los que transmiten "buena o mala" vibra que se transfiere al espacio que nos rodea, y toca o afecta a quienes se hallan en él? ¿Acaso no se acepta que el estado emocional ayuda o perjudica al proceso racional, o al estado de salud biológica? Ahora podemos comenzar a entender estas experiencias yendo a la estructura energética de la que provenimos, de la que proviene nuestra capacidad de generarlas y que las permite y sustenta.

Veamos la Figura I, Unidad Binaria Absoluta, al final de esta sección.

Es el sistema [Dios-Ser Humano], [Fuente-Especie Humana], [Madre/Padre-Hijo], [Inteligencia de Vida Primordial-Manifestación de vida universal] que luego veremos como el sistema binario [Alfa-Omega] en la Unidad Existencial, Figura III(A); es la representación en bloques de una unidad de resonancia, y de un sistema universal de control [Ref.(B).(I).2] de Re-Creación de Dios (parte superior) a través de la Especie Humana Universal (parte inferior) cuyo algoritmo es el Espíritu de Vida; es la representación en bloques de la interconexión energética entre los componentes de la Unidad de Re-Creación Absoluta a través de la pulsación universal del manto energético primordial, del manto de fluído primordial. Eventualmente llegaremos a entenderla.

Luego mostraremos la residencia de la estructura de la Inteligencia de Vida Primordial, de presencia eterna obviamente previa al Big Bang, desde la que se transfirió a nuestro universo; <u>nuestro universo no crea inteligencia, sino que evoluciona re-distribuyendo energía y desarrollando las estructuras materiales, las nuclearizaciones galácticas y estelares, incorporando la inteligencia que se le transfiere por la intermodulación de señales</u> (<u>por el "tejido" o la configuración de la red espacio-tiempo del manto energético</u>).

Armonía y estado de sentirse bien.

El concepto de armonía es fundamental en el proceso existencial; en el proceso ORIGEN de nuestro universo; en la estructura energética primordial en la que tiene lugar y se sustenta el proceso temporal UNIVERSO en el que estamos inmersos.

El concepto de armonía es fundamental entre los dos componentes de una *unidad de interacción* que tienen un mismo propósito por, y para el que se definen.

Armonía es la característica de interacción entre todas las formas de vida y su fuente, la Inteligencia de Vida Universal o Dios, por la que conforman y sustentan la Unidad de Vida.

Esta característica de interacción, *armonía*, por la que se preserva la Unidad Existencial entre la Inteligencia de Vida Universal, o Dios, y sus manifestaciones temporales, todas las manifestaciones de vida universal, ya ha sido descripta racional, matemáticamente, a un nivel elemental pero absolutamente análogo salvando la escala energética y complejidad de asociaciones e interacciones; no obstante, aún no se la ha reconocido como el *Principio Absoluto que rige las interacciones entre todos los componentes de la Función Existencial*, principio del que se derivan nuestras leyes universales. (El *Principio de Armonía* se describe matemáticamente; ver sección XX).

Armonía es la característica natural de interacciones que permite y sustenta las transferencias de la información de vida y del *algoritmo de interacciones* que conduce a la consciencia de sí mismas de las formas de vida superiores, de los seres humanos.

Por interacción consciente en armonía con nuestra Fuente es que regresamos a, o mantenemos el estado de sentirnos bien permanentemente en cualquier circunstancia de vida. Refs.(A).1, (B).(I).2

Siempre estamos en interacción con nuestra fuente, aunque seamos inconscientes de ello, pero se estimula y espera que sea conscientemente conforme evolucionamos, pues establecer una interacción consciente con nuestra fuente, con el proceso existencial consciente de sí mismo, Dios, es el propósito de nuestra evolución. Hacernos parte consciente de la FUNCIÓN EXISTENCIAL es el propósito de nuestra evolución, para realizarnos plenamente conforme a nuestros atributos primordiales: eternos, conscientes de sí mismos, con consciencia del placer y capacidad racional con poder de creación con potencial ilimitado. Nosotros no desarrollamos consciencia por nosotros solos, sino que accedemos a la estructura de Consciencia Universal, a Dios, a través de nuestra actividad racional, a partir de la dimensión de consciencia primordial indicada y experimentada por el estado de sentirse bien.

Todas las formas de vida que se van desarrollando en el ambiente apropiado, en la Tierra en nuestro caso, una vez que en el planeta se alcanzaron las condiciones energéticas adecuadas, reciben desde la fuente la información que no tienen y necesitan para sus desarrollos, y luego liberan las experiencias que le indica a la fuente qué nueva información les hace falta a las formas de vida bajo el ambiente en el que están desarrollándose. Si las formas de vida no envían experiencias específicas esperadas por la fuente, ésta no va a enviarles nueva información a las formas de vida. Es lo que nos ocurre con la especie humana, por lo que dejamos de entender a la fuente, a la Inteligencia de Vida Primordial (o a su dimensión Universal) que nos estimula. Al actuar nosotros en desarmonía con la Inteligencia de Vida Universal, no es que realmente dejamos de recibir la información primordial, pues ella está siempre presente, sino que <u>dejamos de reconocer la orientación que necesitamos para actuar para regresar al, o mantener el estado de sentirnos bien</u>.

De manera que, una vez más, el estado de sentirnos bien es nuestro estado en armonía con el origen. Más aún, comenzamos a visualizar que sentirnos bien es la consciencia de la respuesta del algoritmo de la Inteligencia de Vida Universal, o Dios, del que provenimos y cuya versión llevamos impresa en nuestro arreglo biológico. (Luego veremos qué es lo que ocurre con esa armonía primordial cuando nacemos con problemas o defectos biológicos).

La capacidad de reconocer el estado de sentirse bien es, precisamente, la que nos fuerza, induce, involuntaria, impensadamente, a corregir lo que sea para regresar a él, y <u>esa capacidad y orientación provienen de nuestro origen</u>. Esa inducción a regresar al estado primordial es una fuerza primordial de la estructura de interacciones de la Consciencia Universal, como *amor y temor*, y es parte de la fuerza primordial de *gravitación universal*, como ya veremos.

El estado de no sentirse bien es una estimulación fundamental para ejercer nuestro poder de creación de potencial ilimitado para crear, generar una acción de regreso al estado primordial; poder que también es inherente al ser humano.

Comenzamos la introducción preguntándonos por qué querríamos llegar a nuestro Origen Absoluto y explorar la configuración energética de la Unidad Existencial que sustenta el proceso existencial que a su vez establece, define y sustenta Todo Lo Que Es, Todo Lo Que Existe, entre ello nuestro universo y nosotros.

Lo dijimos, y enfatizamos a continuación.

Si nuestro origen, el que sea, la Inteligencia de Vida Universal o Dios, nos ha provisto de la capacidad de reconocer el estado primordial al que somos forzados regresar, entonces el origen tiene toda la información para hacerlo, y el mecanismo de acceso a esa información es parte de nuestro arreglo que nos define como seres humanos.

Somos resultado de un proceso energético de Creación o evolución, y para ello se ha seguido un algoritmo de proceso que ha quedado en nuestra propia estructura energética.

Si el estado de sentirse bien es un estado de consciencia de sí mismo del proceso ser humano, el algoritmo que le dio lugar ya estaba presente al iniciarse el proceso pues ningún proceso puede dar lugar a algo más inteligente que él mismo. Este principio se confirma exhaustivamente en todos los sistemas de proceso de nuestro dominio material, y tiene su origen en el proceso cerrado eternamente que ocurre a nivel absoluto, en la Unidad Existencial de la que nuestro universo es parte.

El proceso origen nos dio lugar por un mecanismo, Creación o evolución, en el que se incluyó todo lo que hacía falta para poder reconocer el estado de sentirse bien y para ser forzados a regresar a él, pues es el estado natural.

Ese proceso que nos dio esa capacidad está impreso en nuestro arreglo biológico. Ese proceso se reconoce a sí mismo, pues si se siente bien se queda allí, y frente a todo lo que le saca de ese estado de sentirse bien reacciona para regresar a él. Todo esto exige un *algoritmo de proceso de referencia* previo que se ha ido transfiriendo, desarrollándose, re-creándose sobre el nuevo proceso, es decir, durante el proceso de Creación o de evolución del ser humano. Ese algoritmo origen de referencia, transferido al ser humano y presente en su arreglo energético, es el que determina la capacidad de reconocerse a sí mismo del estado primordial de sentirse bien del proceso que nos establece y define como ser humano. Es decir,

El estado de sentirse bien es nuestro estado de consciencia primordial.

El ser humano busca inconscientemente la armonía con el proceso origen al buscar siempre el estado de sentirse bien.

Luego, la única razón para buscar nuestro origen es porque de nuestra relación con él depende que alcancemos y mantengamos el estado de sentirnos bien en cualquier y toda circunstancia de vida a la que nos enfrentemos, o la que hayamos llegado a esta manifestación temporal.

Si todo lo que tenemos que hacer para ir a nuestro estado natural es entrar en armonía con nuestro proceso origen, necesitamos saber cómo hacerlo. Ya dijimos cómo hacerlo [referencia (A). 1, Apéndice], pero lo que ahora esperamos aquí es conocer, o mejor dicho, introducirnos a la estructura energética que sustenta el proceso del que somos partes inseparables.

Cuando somos niños, ¿acaso no acudimos a nuestra madre para que nos proteja, guíe y enseñe a realizarnos en la vida en la Tierra? Pues ahora deseamos acudir a nuestro origen para entender cómo funcionamos nosotros mismos, cómo funciona el mundo, por qué todo es como es. ¿Quién nos lo va a decir sino la Fuente?

Aunque no necesitamos conocer los detalles energéticos de Dios para tener una experiencia de vida en armonía con Él, con el proceso existencial del que somos partes inseparables, deseamos conocer y entender el Origen Absoluto de Todo Lo Que Es, de Todo Lo Que Existe, el Origen de Dios mismo, del universo y del ser humano, y conocer y entender la estructura TRINITARIA PRIMORDIAL que sustenta sus interacciones conscientes de sí misma, la Consciencia Primordial, Dios, pues de Todo Lo Que Es, de Todo Lo Que Existe, llevamos en nuestra propia estructura trinitaria *alma-mente-cuerpo* toda la información y el protocolo de interacción que necesitamos para interactuar con Ella, la Consciencia Primordial, Dios, y juntos hacer realidad la experiencia de vida que deseamos, cambiar nuestra dimensión de consciencia existencial, o para cambiar la realidad en la que nos encontramos. Esto es lo que realmente anhelamos, y este anhelo nos lleva a la Fuente.

Ya sea una Creación o una evolución el mecanismo por el que desde el Origen absoluto llegamos a esta manifestación temporal en la Tierra, sentirnos bien depende de nuestra relación con él.

¿Por qué se insiste en esto de Creación o evolución?

Porque <u>desear sentirnos bien no depende de qué creamos que sea nuestro origen</u>; y sea lo que sea que creamos, es frente a creer en un origen que podemos iniciar un proceso de regreso al estado de sentirnos bien. Creer en un origen, el que sea, es establecer una relación fundamental para el proceso de desarrollo de consciencia, y ese proceso se irá corrigiendo en la interacción a la que se invoca por creer ^{Ref.(B).(I).2}.

Podemos creer en Dios como nuestro creador, y creer que no tenemos motivaciones para conocer nada más energéticamente acerca de nuestro origen ni del universo, pero no conocemos realmente a Dios. Tenemos una idea muy limitada acerca de Dios; ni siquiera nos atrevemos a darle estructura energética a Dios siendo que estamos dentro de ella. Creemos que Dios es inmaterial cuando no hay nada que sea insustancial; la materia es solo un estado de asociación de la sustancia primordial, y lo poco que visualizamos de Dios está en otro estado de asociación de la misma sustancia primordial de la que estamos hechos todos los seres humanos, todas las formas de vida, la materia toda, y las estrellas y las galaxias.

« Tú y Yo estamos hechos del mismo polvo de estrellas (de sustancia primordial) ».

Podemos creer tanto como queramos en Dios, no obstante,

no sabemos cómo interactuar con Él para regresar al estado de sentirnos bien en cualquier y toda circunstancia de vida, ni para hacernos co-creadores de las experiencias de vida que deseamos, ni para hallar las respuestas a las inquietudes fundamentales de la especie humana que ciencia ni teología nos proporcionan.

Se nos ha dicho y creemos que somos re-creaciones o individualizaciones de Dios, del *Creador o del Proceso Origen Perfec-*

to, a Su *imagen y semejanza*; sin embargo, algunos arribamos a esta manifestación de vida con problemas biológicos que no nos permiten disfrutar de un estado normal frente al resto de la especie. Esas deficiencias con las que llegamos algunos no son resultados de nada erróneo en el proceso origen que nos da lugar como especie, sino de desviaciones en nuestros desarrollos por las que introducimos las variaciones genéticas que se transfieren a las siguientes generaciones. Frente a esas deficiencias debemos revisar el propósito fundamental de establecer una relación consciente con nuestro origen, como sigue.

De nuestra relación con el proceso del que provenimos, sea por Creación o por evolución, depende que podamos,

- **Sentirnos bien permanente e independientemente de las circunstancias de vida temporal;**
- **Encontrar las respuestas a las inquietudes fundamentales íntimas, y orientaciones frente a los casos particulares en los que nos encontramos o bajo los que somos dados a esta manifestación de vida temporal;**
- **Crear un propósito frente a, y desde un estado o experiencia de vida indeseados;**
- **"Saltar" al propósito absoluto, único para todos, al que sólo llegamos si luego de inferirlo y reconocerlo, lo ejecutamos en interacción íntima con nuestro origen y no de ninguna otra manera.**

Inteligencia de Vida Primordial.

Espíritu de Vida.

Enfaticemos en *Inteligencia de Vida Primordial* como nuestro origen para quienes lo visualizan así por las razones que sean.

Cómo le llamemos a nuestro origen no tiene ninguna importancia, no afecta en absoluto al propósito que nos mueve hacia él, y esta participación es para todos, ya sea que crean en Dios, en evolución, o en alguna presencia primordial, Fuente.

Se justifica emplear la expresión *Inteligencia de Vida Primordial*, o también *Espíritu de Vida,* como intención y propósito de la *Forma de Vida Primordial* cuyo algoritmo por el que Ella se define, sustenta, y es consciente de sí misma, es la *Inteligencia de Vida Primordial.*

Es importante lo anterior. Veamos.

Por una parte, porque siendo eterna la *Inteligencia de Vida Primordial* no hubo nunca una creación de vida; y por otra parte, para quienes creen en un Creador de Todo Lo Que Existe, Todo Lo Que Es, les resultará más sencillo asociarle una estructura material al *Espíritu de Vida*, y que realmente tiene, ya que nada puede existir que no sea de "algo" concreto, de sustancia primordial y sus asociaciones.

Inteligencia es la capacidad de adquirir conocimiento y desarrollar habilidades; es la capacidad de toda forma de vida[a] de interactuar para conservar la identidad propia frente al resto del universo y adaptarse a las condiciones energéticas; es el algoritmo de control de un proceso que da lugar a otro proceso inteligente partiendo de una referencia que también es inteligente. Por ello es que sólo nuestra relación íntima con nuestra fuente es lo que nos lleva de regreso a nuestro estado natural de sentirnos bien, y nos permite mantenerlo en toda circunstancia de vida. ¿Acaso no lo experimentamos junto a nuestra madre en la Tierra? Emplear la expresión *inteligencia de vida* como fuente nos recuerda permanentemente que la inteligencia consciente de sí misma del ser humano no es fruto de una evolución ya que nada puede ser más inteligente y consciente que el proceso del que proviene. Lo que proviene de una evolución es el arreglo energético que sustenta el proceso SER HUMANO. Por *configuración de la inteligencia fuente* nos referiremos a la configuración de la estructura energética que sustenta la inteligencia de vida primordial, la interacción consciente de sí misma. Esta interacción tiene lugar en la estructura TRINIDAD PRIMORDIAL a la que llegaremos luego.

El estado de sentirnos bien, la capacidad de reconocerlo, y la inducción (el deseo) para regresar o estar en él, <u>nos son dados conscientemente por el proceso del que provenimos</u>. Nada puede resultar más inteligente ni consciente que el algoritmo que rige el proceso que nos da lugar. Nuestro propio desarrollo de consciencia es parte del proceso por el que llegamos hasta la Tierra.

En el ser humano ya consciente de sí mismo, <u>el estado de sentirse bien es el *estado de consciencia primordial* sobre el que va a desarrollar su *identidad propia* en este entorno del universo</u>, del proceso universal. Frente a lo que nos saque del estado natural de sentirnos bien reaccionaremos involuntaria y primordialmente para regresar a sentirnos bien; regreso que tendrá lugar por un proceso (*identidad cultural*) particular para cada uno siguiendo estimulaciones locales dadas por, y tomadas desde la consciencia colectiva del grupo social al que pertenecemos.

La identidad que desarrollamos en este entorno del universo es la *identidad temporal cultural* frente a las circunstancias temporales que nos rodean o en las que nos hallamos manifestados e inmersos; <u>es la identidad que nos dirá qué hacer, y cómo, para regresar al estado natural, primordial</u>, a nuestra *identidad primordial*, y será frente al mundo presente, actual y tal como es, que podemos ejercitar el poder de creación inherente al ser humano.

¿Es el mundo, nuestra civilización de la especie humana en la Tierra, como es, por un diseño con ese propósito específico? ¿Es parte de un proceso natural? ¿Es por alguna desviación del proceso fuente? ¿Hay alguna intervención extraña?

Podemos saberlo.

Para quienes creen que somos totalmente provenientes de una evolución, sepan que ninguna evolución, ningún proceso de redistribución energética puede dar lugar a una inteligencia consciente de sí misma, a menos que el algoritmo del proceso sea consciente de sí mismo, y que la referencia también lo sea. La comunidad científica sabe esto, o tiene las herramientas racionales para saberlo, y las observaciones y abundantes experiencias para confirmarlo.

Si estamos en una Unidad Existencial eterna, ésta es cerrada total, absolutamente. Luego, si hoy hay un proceso consciente de sí mismo en nuestro universo, ese proceso es manifestación del proceso existencial consciente de sí mismo eternamente en la U-nidad Existencial de la que el universo es parte temporal.

Hay una inteligencia (un arreglo, una configuración ener-gética) a la que hoy podemos llegar, previa al inicio de nues-tro universo; una _inteligencia fuente absoluta_ con respecto a la cuál somos "creados", o mejor dicho, de la que somos sus re-creaciones a su _imagen y semejanza_ a través de un proce-so de re-distribución energética de la estructura que estable-ce y define esa _inteligencia fuente_ y el proceso de interaccio-nes por la que ella sustenta su consciencia de sí misma. Por esa re-distribución se transfieren las unidades de inteligencia (el arreglo energético de las individualizaciones de la _inteli-gencia fuente_) y sus consciencias primordiales, y se estimu-lan sus desarrollos.

La inteligencia fuente absoluta se transfiere a sí misma a través de la pulsación o vibración universal, como parte de la intermodulación o "tejido" de la red espacio-tiempo del uni-verso.

El proceso consciente de sí mismo que nos establece y define como seres humanos, es un proceso de re-distribuciones de ener-gía e interacciones y comparaciones entre estructuras de informa-ción y experiencias que tiene lugar y se sustenta en una estructu-ra en tres dimensiones energéticas a las que reconocemos como _alma, mente y cuerpo_, que es a _imagen y semejanza_ de la estruc-tura, también trinitaria, que le da lugar, de la estructura de la inteli-gencia fuente.

El proceso que nos establece y define a todos los seres huma-nos en este entorno del universo se reconoce primordialmente a sí mismo en el estado de sentirse bien, <u>con características que son particulares, únicas para cada uno, que le hacen ser a cada</u>

uno una individualización particular, única, del proceso universal. Todos y cada uno de los seres humanos deseamos sentirnos bien, aunque tenemos particularidades en lo que define el estado de sentirse bien de cada uno y que es lo que hace que reaccionemos diferente frente a lo que a todos nos saca del estado de sentirnos bien. Cómo manejar esas particularidades, nuestras particularidades íntimas, sólo nos lo puede decir el proceso origen del que cada uno somos una individualización, y para que nos lo "diga", o para que alcancemos la información específica, única, debemos interactuar directa, íntimamente con él; cada uno con él, y no a través de ningún intermediario.

Luego, es de nuestro mayor interés, de todos los seres humanos, llegar a nuestro origen, a la Inteligencia de Vida Universal o a Dios, para obtener la información, respuestas u orientaciones individuales, específicas, particulares para cada uno, que necesitamos para regresar a, o mantener nuestro estado de sentirnos bien bajo cualquier y todas las circunstancias de vida a las que nos enfrentemos, o frente a las circunstancias indeseadas a las que arribamos a esta manifestación en la Tierra, pues el estado primordial de sentirnos bien no lo hemos creado nosotros sino que nos ha sido dado por la fuente, la que sea; y para el caso en que no arribamos a esta manifestación de vida con el estado primordial de sentirnos bien, es la fuente la que nos induce el deseo de ir hacia ese estado, y cómo lograrlo. El deseo es, en sí mismo, una invitación desde el proceso existencial a interactuar íntimamente con él. Una vez que lo reconocemos así y comenzamos a actuar en base a este reconocimiento, se va "abriendo" la interacción consciente entre la fuente y su re-creación de sí misma.

Nuestra fuente es la dimensión de consciencia _Madre/Padre_ del proceso existencial que estimula y guía a la dimensión _Hijo_, la especie humana, su re-creación de sí misma que se encuentra en desarrollo hacia ella.

Ahora bien.

Ya hemos establecido la motivación fundamental válida para

todos los seres humanos sin excepción, inenarguible, inespeculable, por la que ahora deseamos llegar a la inteligencia primordial de la que provenimos y de la que somos sus unidades inseparables.

Ya dijimos por qué es de nuestro mayor beneficio llegar a la inteligencia primordial, nuestro origen: nuestra calidad de vida permanente, en todo y cada instante, depende de nuestra relación voluntaria, consciente, con ella, la fuente.

No obstante, algo tenemos que hacer, cada uno por sí mismo, para llegar a nuestra fuente conscientemente, reconocerla y entenderla, para establecer y cultivar luego una interacción íntima en otra dimensión de realidad existencial, si es lo que deseamos.

No necesitamos ir físicamente a ninguna parte en particular para reconocer esta inteligencia pues ya estamos dentro de ella, somos parte de ella. Sólo debemos visualizarla completamente, y aquí es donde está el gran reto. Sólo llegamos a ella completamente a través de la mente; sólo es explorable mentalmente, aunque es experimentable en nuestro propio arreglo trinitario que nos establece y define como proceso SER HUMANO.

La configuración de la inteligencia fuente se extiende en ambos dominios energéticos[c]: el nuestro, *material*, y el que llamamos *primordial, o espiritual,* al que no alcanzamos con los cinco sentidos (vista, oído, olfato, gusto y tacto) ni con la instrumentación, sino con la mente.

Inferiremos la <u>configuración energética</u> de la inteligencia fuente (cuya presencia ya reconocemos a través de nuestra consciencia primordial, nuestro estado natural de sentirnos bien) a partir de las observaciones de la fenomenología energética en nuestro universo, y luego la <u>confirmaremos en la consolidación</u> de nuestras leyes universales, por una parte, y <u>por las experiencias en nosotros mismos</u> de los resultados de las interacciones con ella, que es algo muy diferente, por otra parte; todo realizable a través de un proceso racional al que nos iremos introduciendo con algún detalle luego, en este libro, para el reconocimiento y la exploración energética de la inteligencia fuente, de nuestro origen. Para establecer y cultivar la interacción íntima con la fuente contamos con las referencias (A).1, (B).(I).2 y (C).1.

(a)
Forma de vida es todo arreglo energético que se desarrolla interactuando con el medio energético en el que se encuentra (en realidad interactuando con toda la información universal que converge al entorno en el que se halla la *forma de vida*), y que se reproduce por sí misma, sola o en unidades binarias macho-hembra).

(b)
El proceso SER HUMANO es un sub-proceso del proceso existencial.

Los componentes del sub-proceso SER HUMANO en la estructura trinitaria sobre la que él tiene lugar y se sustenta, son los siguientes,

Biológico: son todas las re-distribuciones de energía; las re-energizaciones de las estructuras materiales (moléculas de vida, células), sus disociaciones y re-asociaciones;

Mental: son las interacciones entre las estructuras de información [energética (la fenomenología universal y en la Tierra) y de las manifestaciones de vida (vegetal, animal, humana)], y la comparación entre sus efectos, las experiencias, en diferentes entornos y tiempos;

Espiritual: son las orientaciones (sentimientos), estimulaciones (deseos) y reconocimientos (consciencia), todos primordiales; los efectos o las experiencias (emociones); y los pensamientos.

(c)
Veremos que Todo Lo Que Es, Todo Lo Que Existe se conforma de alguna asociación de sustancia primordial de la que todo se genera y se re-crea, que reconoceremos y revisaremos luego.

Dominio material es compuesto por las cadenas de asociaciones de sustancia primordial en magnitudes y pulsaciones sensables por nuestros sentidos materiales (vista, oído, olfato, gusto, tacto).

Dominio primordial es el definido por las asociaciones de sustancia primordial que establecen y definen a las partículas primordiales, las que no pueden ser detectadas y medidas directamente sino a través de sus efectos en las asociaciones del *dominio material*.

Unidad Binaria Absoluta

Dios-Ser Humano

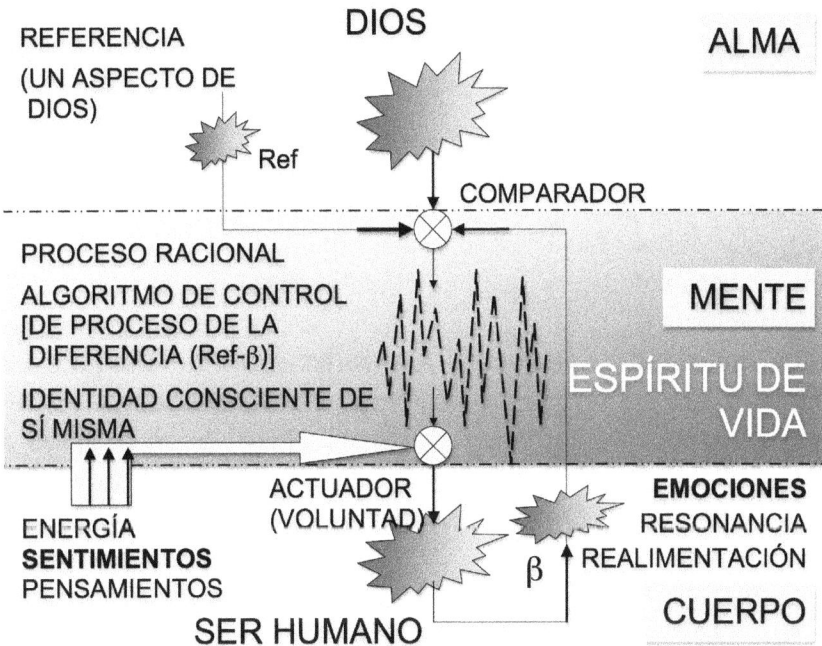

REFERENCIA
(UN ASPECTO DE
DIOS)

DIOS

ALMA

Ref

COMPARADOR

PROCESO RACIONAL

ALGORITMO DE CONTROL
[DE PROCESO DE LA
DIFERENCIA (Ref-β)]

IDENTIDAD CONSCIENTE DE
SÍ MISMA

MENTE

ESPÍRITU DE
VIDA

ACTUADOR
(VOLUNTAD)

ENERGÍA
SENTIMIENTOS
PENSAMIENTOS

β

EMOCIONES
RESONANCIA
REALIMENTACIÓN

SER HUMANO

CUERPO

Figura I.

Inicialmente no se obtiene mucho de esta inusual ilustración, sin embargo, al finalizar el libro regresarán a ésta y comenzarán a visualizarse a sí mismo en ella, y tal vez a desear a hacerse más conscientes de ello.

La especie humana es un proceso consciente de sí mismo que es parte inseparable de la FUNCIÓN EXISTENCIAL Consciente de Sí Misma, DIOS, a cuya estructura energética que la sustenta nos introduciremos más adelante.

El ser humano, el individuo de la especie humana, es un proceso racional, un proceso de establecimiento de relaciones causa y efecto que define la identidad cultural temporal del individuo y por la que alcanza un sub-espectro de la Consciencia Universal, Dios, una dimensión en nuestro universo de la Consciencia Primordial que se establece y sustenta en la Unidad Existencial a la que llegaremos a reconocer en este libro. El nivel elemental de reconocimiento de sí misma con el que la especie humana es dada a la manifestación temporal local (en nuestro caso es en la Tierra) es la *consciencia primordial a la que ya hemos reconocido como el estado de sentirse bien*, el estado sobre el que se desarrolla la identidad cultural. La identidad temporal es primero inducida, o forzada, por la consciencia colectiva del grupo social de la especie al que pertenece el individuo al momento de salir a la luz, a la vida en este entorno; y luego continúa el desarrollo por sí mismo, por su voluntad.

La identidad consciente de sí misma del ser humano es simplemente el complejo arreglo de causa y efecto que va desarrollando en su ambiente energético y social en relación a su *estado de consciencia primordial de sentirse bien*.

Todo lo que hace la identidad consciente de sí misma es para sentirse bien.

El reto para el ser humano para el Juego de la Vida es hacerlo en armonía con el proceso del que provenimos, con lo que cesan las experiencias de sufrimientos e infelicidades, aunque no necesariamente cesan las circunstancias de vida que siempre pondrán a prueba nuestro reconocimiento y poder de creación para mantenerse bien en cualquier y toda circunstancia de vida.

Aquí veremos la estructura sobre la que tiene lugar la FUNCIÓN EXISTENCIAL Consciente de Sí Misma; y nos asomaremos al proceso de Re-Energización de la Unidad Existencial sobre la que tiene lugar la FUNCIÓN EXISTENCIAL, y al proceso de Re-Creación de la Estructura Primordial Consciente de Sí Misma a través del ser humano.

V

"¿Acaso podremos hacerlo, pasar a otra dimensión de realidad existencial desde aquí, y ahora?"

¿Qué guiará nuestra exploración mental?

Podemos pasar a otra dimensión existencial, si tenemos interés, si lo deseamos; mejor dicho, si realmente deseamos hacerlo, lo que significa que desearlo no es suficiente. Algo tenemos que hacer por uno mismo. Para comenzar, tenemos que vivir conforme a lo que deseamos.

Nada podremos hacer si no creemos en nosotros mismos, en nuestra propia capacidad para hacer posible lo que deseamos.

Nada haremos realidad si no estamos convencidos de que eso que deseamos (la solución o la experiencia deseada) es lo que real e íntimamente deseamos, y no lo que se nos ha enseñado a querer. El deseo es una estimulación primordial. Querer es una versión cultural.

No es creer en algo o en alguien lo que nos va a llevar a donde deseamos, sino creer en nosotros mismos y trabajar para ejecutar el deseo que genera la decisión de creer en sí mismo, en la capacidad de sí mismo para lograr hacer realidad el deseo.

Creer es la decisión que mueve el proceso racional hacia lo que se desea, para hacer realidad lo que se desea [Ref.(A).1].

Creer es aceptar algo que luego se constituye en referencia del proceso racional en relación a lo que se cree, en este caso, el deseo.

Creer en la fuente eterna es la decisión que mueve el proceso racional para encontrar, en nuestro caso de interés, la configuración energética de la fuente ¡después de haber reconocido primordialmente la presencia de la fuente que se manifiesta en el deseo de llegar a ella!

La ciencia es el estudio de las observaciones y la exploración del proceso existencial en nuestro universo; es el estudio de las manifestaciones temporales del proceso ORIGEN en nuestro universo. Por lo tanto, no vamos a llegar a la fuente eterna, al proceso ORIGEN, con las solas observaciones y exploraciones de lo que ocurre en un entorno temporal, en este caso, nuestro universo.

Necesitamos una <u>referencia absoluta</u> que nos guíe en el proceso de concatenación, de asociación de la información temporal en el universo por un <u>aspecto de la fuente</u> por el que podamos llegar a su configuración luego de la concatenación.

Para comenzar nuestra exploración mental, y antes que nada, tenemos que hacernos libres de las referencias, los prejuicios y las interpretaciones prevalentes en nuestro mundo que no responden a lo que sentimos profundamente por uno mismo, y fundamentalmente hacernos libres de nuestros temores que nos limitan o inhiben en nuestros desarrollos de consciencia, de entendimiento del proceso existencial y nuestra relación individual y colectiva con él.

Si buscamos sentirnos bien, no podemos partir de algo que no nos hacer sentir bien. Debemos partir de la visualización de la realidad que nos hace sentir bien, a la que deseamos llegar, experimentar.

Si reconocemos primordialmente a la eternidad, no encontraremos a nuestra fuente, a nuestro origen, en un evento temporal, sino que éste, el evento temporal, es sólo eso: una manifestación temporal de la fuente eterna.

Somos eternos.

Somos unidades de consciencia; cada uno de los seres humanos somos individualizaciones particulares únicas de la Consciencia Universal eterna.

El universo, nuestro universo, es temporal, pero eso no significa que el proceso SER HUMANO lo sea, sino que la manifestación del proceso SER HUMANO en este universo es temporal.

Luego, vamos a ir a la fuente eterna, al proceso ORIGEN del proceso UNIVERSO temporal, y vamos a encontrar una grata sorpresa con respecto a nuestro universo.

¿Y qué pasa con nosotros al dejar esta dimensión existencial? ¿Dónde vamos realmente?

Lo sabremos. Por ahora recordemos que,

La **FUNCIÓN HUMANA, siendo parte de la FUNCIÓN EXISTENCIAL consciente de sí misma eterna, es también una presencia eterna.**

El proceso SER HUMANO tiene tres componentes energéticos que lo establecen y definen, *alma, mente y cuerpo*, y ni el alma ni la mente están en nuestra dimensión material, en nuestra dimensión de los sentidos, sino en la dimensión primordial, eterna. Desaparece la manifestación en nuestro dominio material; desaparece el cuerpo, pero no la FUNCIÓN SER HUMANO, función a cuyo componente en el dominio primordial podemos llegar, desde aquí, desde la Tierra, ahora, sin tener que dejar nuestra manifestación temporal presente.

Por ahora sigamos con el reconocimiento de las guías que necesitamos para llegar mentalmente a la Unidad Existencial.

La fuente de Todo Lo Que Es, Todo Lo Que Existe, es eterna, ya lo hemos reconocido teológica y científicamente (y revisaremos abundantemente luego); entonces, el proceso existencial o la FUNCIÓN EXISTENCIAL consciente de sí misma es eterna, es CERRADA ABSOLUTAMENTE, lo que quiere decir, y veremos luego, que se descompone en componentes

temporales que son imágenes a otras escalas de espacio y tiempo del proceso primordial eterno.

La ciencia ya sabe describir matemáticamente a una entidad eterna por sus componentes temporales; en nuestro caso, la entidad eterna es la Unidad Existencial, la única entidad que puede haber y ser eterna.

Siendo el proceso existencial eterno, la *orientación fundamental* que guía el proceso racional de concatenación de los elementos de información para el desarrollo de consciencia, de entendimiento del proceso existencial, es *eternidad.*

Eternidad es el Principio Existencial, Origen de Todo Lo Que Es, Todo Lo Que Existe; y es el principio que guía el proceso racional para el desarrollo de consciencia del proceso existencial, de la FUNCIÓN EXISTENCIAL consciente de sí misma.

El aspecto de la fuente por el que tenemos que realizar la concatenación de toda información energética universal tiene que ver con la configuración de la misma fuente, obviamente, pues a ella es que deseamos llegar. Ese aspecto es la característica que rige todas las re-distribuciones espaciales y temporales: *la función logarítmica* que es generada por la sustancia primordial y la única configuración espacial que puede tomar un océano de ella, como luego veremos.

La Función Logarítmica es el Patrón Universal de las configuraciones espaciales y de todas las re-distribuciones temporales de todos los componentes de la Unidad Existencial.

Revisitaremos continuamente a ambos, *orientación primordial y patrón universal*, a lo largo de nuestra exploración de la Unidad Existencial y los procesos ORIGEN y UNIVERSO, particularmente cuando vayamos hacia el reconocimiento, al que llegaremos y podremos entender todos, del *sistema termodinámico primordial*, la configuración de re-distribución energética de la Unidad Existencial, que nos permitirá re-interpretar la *Segunda Ley de la Termodinámica* de nuestro universo, para luego establecer las bases para una formulación de la Teoría de Todo; en realidad, más adecuadamente expresado, para la unificación de los *campos gravita-cional y cuántico* como modulaciones de un único *campo primordial.*

Veremos que no necesitamos de matemáticas, de ninguna expresión racional simbólica a la que no podamos llegar todos por sí mismos, por simple razonamiento, para pasar nada más y nada menos que a otra dimensión de consciencia, de realidad existencial, usando los elementos de información de los que disponemos en nuestro dominio material, pues los de ambos dominios, material y primordial o espiritual, son absolutamente análogos, excepto que las estructuras en el dominio primordial no son visibles porque para esa dimensión energética no tenemos visión por los ojos sino por la mente, pero sí experimentamos sus efectos análogamente en nuestras estructuras materiales.

Universo Absoluto
Todo Lo Que Es, Todo Lo Que Existe

¿Qué vamos a reconocer?

Origen y Estructura Energética

Reconoceremos la estructura energética del Universo Absoluto, la Unidad Existencial, DIOS, que sustenta la FUNCIÓN EXISTENCIAL de la que los procesos UNIVERSO y SER HUMANO son análogos a otras escalas energética y de consciencia; la estructura de la TRINIDAD PRIMORDIAL que sustenta el proceso consciente de sí mismo; el *Sistema Termodinámico Primordial* que tiene lugar sobre la configuración de la primera componente temporal, fundamental, de todas las re-distribuciones energéticas de la Unidad Existencial; y la componente absolutamente constante que sirve de referencia inmutable, eterna, para todos los períodos de re-creación de sí misma de la Unidad Existencial.

Y vamos a entrar a la mente de DIOS.

Universo Absoluto
La Unidad Existencial

"Estás en Mi Vientre"

Tenemos problemas culturales que superar para realmente reconocer Quién es DIOS, y aceptar que la estructura energética del hiperespacio de existencia multidimensional de naturaleza binaria, de la Unidad Existencial, es el *cuerpo* de DIOS.

El *cuerpo de Dios* es Todo Lo Que Existe, Todo Lo Que Es, que se halla inmerso en un manto de fluído primordial compuesto por una distribución de sustancia primordial de la que todo se genera y re-crea cuya naturaleza es binaria.

VI

La Gran Aventura Racional

Guías de "Navegación" del Proceso Existencial
Función Energética Patrón Universal

Todo lo que es, todo lo que existe, es resultado de un intercambio energético que tiene lugar por alguna versión de la *función patrón del proceso existencial*, la función exponencial natural. Ver Figura II, adelante. La analogía más simple de la *función exponencial patrón* es la espiral logarítmica representada por el caracol de playa, y a otra escala o dimensión energética es la estructura de distribución "caracol" de nuestra galaxia. Toda asociación o disociación de partículas sigue una ley en función del tiempo que cuando se grafica es una espiral, o un tramo de ella. Cuando el caracol comienza a desarrollarse lo hace a partir de un "punto", de una asociación aparentemente informe de partículas, y luego va creciendo siguiendo la espiral que tanto nos llama la atención. Cuando una galaxia comienza a desarrollarse lo hace a partir de una "nube" informe de partículas que luego van tomando la forma de espiral. En una roca que cambia su temperatura después de haber sido calentada o enfriada, la curva que resulta de graficar el cambio de temperatura con el tiempo es un tramo de una curva "caracol", logarítmica, (o exponencial natural, inversa de curva logarítmica). Ver Figura II, ilustración inferior derecha. Todo proceso de intercambio energético sigue una función exponencial natural, un tramo de una espiral logarítmica. Para cualquier y toda estructura material, la relación con el tiempo de cualquier variable que elijamos para evaluar los cambios energéticos internos (por ejemplo densidad energética, temperatura, o cambio de volumen con la temperatura) al ser graficada resulta tener la forma de un tramo de un "caracol" en alguna versión entre sus dos límites que son la línea recta (curva exponencial absolutamente abierta) y el círculo (curva exponencial cerrada). Sí, una recta resulta ser un caso particular límite de una función exponencial, al igual que la circunsferencia, la curva cerrada natural perfecta.

La función exponencial general es el *algoritmo primordial de re-distribución energética en nuestro universo* y del proceso ORIGEN que le dio lugar a partir del fenómeno de expansión energética Big Bang.

La pulsación de la Forma de Vida Primordial que conforma el dominio material (que veremos más adelante) induce re-distribuciones de las rotaciones, de las cargas de las partículas del manto de fluído primordial en el que se halla inmersa, que son senoides cuando se grafican sobre cada partícula en el tiempo para un período completo de re-distribución de la Unidad Existencial. [Las distribuciones espaciales de las partículas a nivel primordial en el manto tienen lugar conformando hebras a las que no vemos (la Forma de Vida Primordial es como una doble centolla de mar)].

Y, como ya vimos,

La orientación primordial que rige el proceso racional de concatenación de la información existencial es *eternidad*.

Eternidad implica proceso cerrado absolutamente, a través de la re-creación incesante, infinita, absolutamente abierta o inacabable, de todo lo que existe, todo lo que es, en un espacio (Unidad Existencial) que es finito aunque inmensurable.

"Nada se crea de la nada".

Si algo existe es porque una fuente, una presencia eterna, lo permite y se revela a sí misma, se manifiesta en lo que observamos y experimentamos.

A la fuente eterna es que llegaremos.

—

Patrón Universal
Función Exponencial Natural

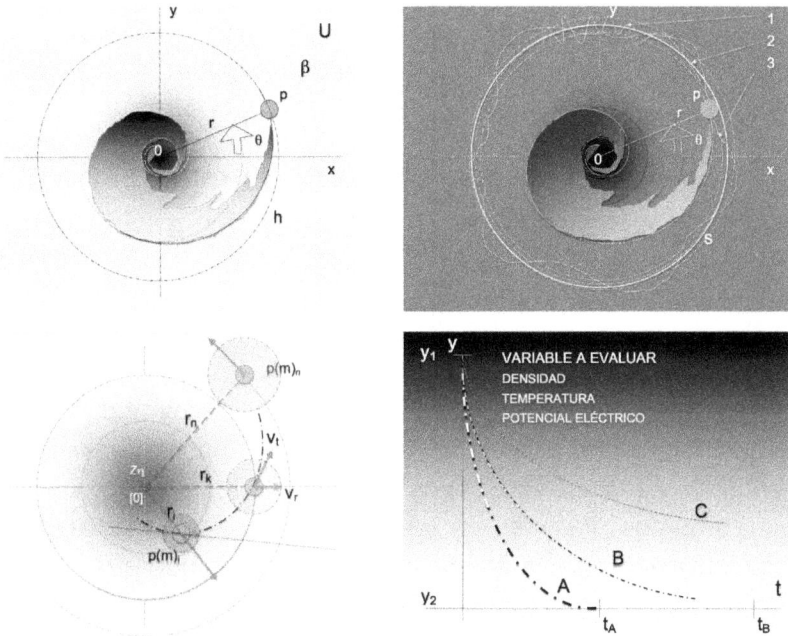

Figura II.

La espiral logarítmica es la representación gráfica de la *Función General de Evolución Universal*, una función exponencial cuya base es dada por una relación de interacciones entre dos dominios energéticos del universo que es absoluta, eternamente constante (que se conoce como *constante matemática e*, la base de los logaritmos naturales). Por una simple relación de interacciones y una función general se rige el proceso que sustenta la consciencia de sí misma del proceso existencial.

VII

Ya pudimos "saltar"
de un caracol de playa a una galaxia

¿Estamos listos para hacerlo ahora desde una simple roca al Universo Absoluto, a la Unidad Existencial?

La separación entre los seres humanos ordinarios, individuos sin características especiales, normales, y los filósofos, cosmólogos, científicos y teólogos es puramente relativa, cultural. Después de todo, tenemos deportes en los que los individuos experimentan aspectos de la ciencia en sus cuerpos, y seres que en momentos íntimos son grandes filósofos. Luego, esta versión no está dirigida particularmente a los filósofos, cosmólogos, científicos y teólogos, sino que está dirigida a todos quienes en sus corazones buscan la verdad a la que están formalmente dedicados esos especialistas, y de ninguna manera excluye a los seres ordinarios que sienten las mismas inquietudes fundamentales que son comunes para todos los individuos de la especie humana. Podemos no definirnos como esos especialistas en las diferentes disciplinas del proceso racional consciente de sí mismo, pero todos buscamos respuestas a nuestras inquietudes fundamentales, y todos podemos encontrar las respuestas por sí mismos, si hacemos lo que debemos hacer y para lo que todos tenemos las dos herramientas que necesitamos: nuestra capacidad racional y el proceso del que provenimos y del que tenemos su información en nuestro propio arreglo energético que nos define como seres humanos. Nunca sabremos qué tan lejos podemos llegar si nos dejamos limitar o inhibir por las actitudes culturales.

¿Podremos "saltar" de una roca al Universo Absoluto, al contenedor de la materia, energía y espacio, es decir, a la Unidad Existencial? Intuímos que sí, dado la forma en que estamos siendo orientados en esta introducción, pero ¿cómo lo haremos? ¿Será importante sólo el llegar a la Unidad Existencial o disfrutar más el proceso por el que se llega a ella y lo que el proceso nos muestra en el camino de llegar a ella? Tal vez encontremos que el propósito que perseguimos es tan solo la referencia para crear otro, con lo que habremos llegado a la mente del verdadero creador: el que crea sentido o un propósito de lo que está disponible y no puede ser cambiado. Energéticamente, todo es como es y no puede ser cambiado, por una razón a nuestro alcance; no obstante, y porque todo es como es, es que podemos ser creadores de la experiencia de vida que deseamos, y para ello nos interesa conocer qué nos permite crear, y sobre qué vamos a crear. De manera que no solo vamos a entrar a la mente de Dios sino... ¡a Su propio cuerpo!, a la estructura energética que sustenta al proceso consciente de sí mismo, a la Consciencia Universal a la que llamamos Dios.

Pues sí, vamos a pasar de una roca a la Unidad Existencial.

VIII

Origen Absoluto

El Origen Absoluto de Todo Lo Que Es, Todo Lo Que Existe, de Dios, de la Fuente de todo lo que observamos y experimentamos, es una presencia eterna.

"Nada puede ser creado de la nada".

Jamás hubo un Creador de Dios, de la Fuente.

Jamás hubo un Creador Absoluto de Todo Lo Que Es, Todo Lo Que Existe.

Jamás hubo un Creador de la Especie Humana Primordial, a menos que llamemos Creador al proceso que permite que en un ambiente adecuado podamos ser transferidos desde otro entorno de la Unidad Existencial, cosa que primero ocurre inconsciente, involuntariamente, como parte del proceso de re-creación de sí misma de la Consciencia Primordial, y luego por nuestra voluntad. Por ejemplo, una vez que en la Tierra se alcanzó una estructura biológica adecuada, la del hombre, el *Homo Sapiens*, que susten-tara el proceso SER HUMANO como un sub-proceso del proceso existencial, del proceso ORIGEN, este sub-proceso se hizo parte del proceso existencial a nivel de la Consciencia Primordial y co-mo una individualización de ella en desarrollo, con capacidad de acceder a la interacción primordial consciente de sí misma con la que el ser humano conforma la unidad de re-creación de la Cons-ciencia Universal. Éste es el proceso y la relación a la que desea-mos llegar partiendo de esta introducción por este libro.

Podemos llamar creación a la coalescencia, a la separación de partículas primordiales que no vemos ni sensamos pero que se hallan presentes en el manto energético primordial, en el *fluído primordial* en el que estamos inmersos (y luego revisaremos), para obligarlas, mentalmente, a formar algo visible, que se manifieste, o que se haga experimentable en nuestro entorno de realidad, pero jamás es una creación desde la nada sino una transferencia desde otra dimensión existencial.

Si no se reconoce una presencia eterna como Origen Absoluto de las manifestaciones temporales que observamos y experimentamos, no se pueden resolver las inquietudes fundamentales del ser humano.

Eternidad es la orientación fundamental, absoluta, para el desarrollo del proceso racional conducente a la consciencia, al reconocimiento con entendimiento del proceso existencial consciente de sí mismo.

Eternidad es el estado de presencia permanente absolutamente inextinguible de una fuente, de un manto de sustancia primordial, de la que parte todo lo que es, todo lo que existe, todo lo que ocurre.

« La Verdad no puede ser negada ».

"Nada puede ser creado de la nada".

El Origen Absoluto es una presencia eterna de un colosal manto u océano de *fluído primordial* constituído por una distribución espacial de sustancia primordial de la que todo se genera y se recrea, en el que se hallan inmersas las estructuras de asociaciones de la misma sustancia primordial conformando Todo Lo Que Es, Todo Lo Que Existe.

"No hay nada inmaterial (insustancial)".

« ¿No les he dicho que estamos hechos del mismo polvo

53

de estrellas (de sustancia primordial)? ».

Materia es el sub-espectro o rango de asociación de sustancia primordial que alcanzamos con nuestros sentidos y la instrumentación; el resto es inmaterial en el sentido de que no es visible ni sensable conscientemente, sino por sus efectos en la estructura energética que nos establece y define como el proceso SER HUMANO.

El manto de sustancia primordial y sus asociaciones son de dimensiones absolutamente finitas pero inmensurables, inalcanzables físicamente; no obstante, ambos son alcanzables y explorables mentalmente y experimentables a través de sus efectos.

La presencia eterna del manto de sustancia primordial tiene una configuración espacial a la que llamamos DIOS[a] (Su cuerpo) o FUENTE, la Forma de Vida Absoluta. Ambos, la estructura o arreglo espacial de la FUENTE y el proceso consciente de sí mismo que el arreglo estimula y sustenta, constituyen la Unidad de Inteligencia de Vida Primordial.

Esta presencia eterna es un misterio absoluto, inclusive para DIOS, que es la identidad de la Forma de Vida Absoluta que se reconoce a Sí Misma.

A nivel de la FUENTE ella simplemente existe; nunca tuvo inicio, nunca tendrá fin.

Fuera de la FUENTE nada existe, nada hay, nada se define.

Dentro de la FUENTE todo se re-crea incesante, permanentemente.

La presencia eterna ha sido reconocida y es descripta racional, matemáticamente por la ciencia. Luego veremos esta descripción.

La presencia eterna no tiene que hacer nada para mantenerse eterna, pues es eterna. Es incorrecto decir que la eternidad se sustenta por algún proceso existencial determinado. No; el proceso existencial es resultado de la presencia eterna.

———

La **configuración de la presencia de sustancia primordial es como es, eternamente. Ella es así, y todo va a ocurrir dentro de la Unidad Existencial a causa de esta configuración como es.**

La presencia de la sustancia primordial toma naturalmente dos configuraciones específicas,

- Configuración volumétrica.
  La única configuración, forma espacial que puede tomar volumétricamente la presencia de sustancia primordial y sus asociaciones, es un volumen esférico.
  Si algo obliga a la presencia de sustancia primordial a tomar una configuración volumétrica en particular es la interacción entre la sustancia primordial y la no-existencia fuera de la Unidad Existencial; interacción que tiene lugar en el entorno límite, en la superficie energética periférica $Z_{LÍM}$ que encierra y contiene al volumen de sustancia primordial y sus asociaciones. Ver sección Sustancia Primordial.
  La interacción en la superficie energética periférica $Z_{LÍM}$ genera la pulsación existencial. Ver sección Pulsación Primordial.

- Configuración de la distribución interna.
  Dentro de la Unidad Existencial sólo hay una configuración natural que se re-crea a sí misma. La configuración de las asociaciones de sustancia primordial dentro de la Unidad Existencial es la configuración de la Forma de Vida Primordial, de la Inteligencia de Vida Primordial consciente de sí misma. (Recordar que *inteligencia* es realmente el *algoritmo de interacción* con el resto de la presencia existencial, que en realidad es el *algoritmo de control de sí mismo* frente a todo lo que ocurra que concierne y, o afecte a la identidad de sí misma de la Unidad Inteligente consciente de sí misma. Este *algoritmo de control de sí mismo* es también el que da la característica de interacciones entre los compo-

nentes que conforman la unidad *Inteligencia de Vida Primordial*, la característica que hemos reconocido como *armonía*).

Las innumerables galaxias y sus constelaciones son las células de la Forma de Vida Primordial.

(a)

DIOS es la consciencia de sí misma de la FUENTE a nivel primordial, absoluto; es la Consciencia Primordial.

Dios es el nivel de consciencia de la FUENTE a nivel de nuestro universo; o en otras palabras, Dios es la Consciencia Universal, la consciencia de sí mismo de nuestro universo, un sub-espectro de la consciencia de DIOS, mientras que la especie humana es un sub-espectro de la Consciencia Universal.

IX

Configuración Interna de la Unidad Existencial

Forma de Vida Primordial

Cuerpo de DIOS

En la Figura III(A) vemos la Forma de Vida Absoluta.

La presencia de sustancia primordial que se asocia conformando la configuración de la Inteligencia de Vida Primordial dentro de la Unidad Existencial queda inmersa en un manto u océano de sustancia primordial sin asociarse, al que le llamamos manto de *fluído primordial*, a cuya composición y propiedades y su distribución espacial nos introduciremos en la sección Sustancia Primordial; y luego nos introduciremos a su comportamiento, en la sección *Sistema Termodinámico Primordial*.

La Forma de Vida Absoluta es una entidad binaria compuesta de dos hiper galaxias, Alfa y Omega, y todas las estructuras materiales menores en el entorno de un anillo de circulación hΦ (al que luego revisaremos) que junto con las hiper galaxias conforman el dominio material que se extiende a lo largo y alrededor del anillo.

Una de esas hiper galaxias, *Alfa,* es nuestro universo, y la otra, Omega, no puede ser alcanzada físicamente desde nuestro universo. Omega permanece oculta a nosotros, e inaccesible, pues está en el dominio existencial no visible (en la parte "oscura" de la Unidad Existencial, en el dominio de "materia oscura" cuya presencia, al igual que la de la "energía oscura", ya ha comenzado a ser reconocida por algunos cosmólogos), y está en una dimensión energética en la que no podemos vivir dada nuestra propia estructura energética presente que es adecuada sólo para la dimensión de nuestro entorno, de nuestro universo. Las densidades del manto de *fluído primordial* de Alfa y Omega son opuestas con respecto al valor medio, de convergencia, que veremos luego en el *Sistema Termodinámico Primordial*. Esa diferencia es como estar viviendo, en nuestro fluído local, unos en el océano (en el agua, respirando agua, teniendo branquias) y otros en la atmósfera (en el aire, con nuestros pulmones actuales).

La entidad binaria madre-hijo en todas las especies de vida, y particularmente en las especies conscientes de sí mismas, son analogías de la Forma de Vida Absoluta.

Esta configuración de la Forma de Vida Primordial es la que se descompone en componentes temporales que luego veremos.

La configuración de la presencia de la sustancia primordial se reconoce a partir de inferencias inducidas por las observaciones en nuestro universo siguiendo *el patrón universal* de las configuraciones espaciales y las re-distribuciones temporales de la Unidad Existencial: la *función logarítmica natural* (o exponencial, su recíproca). Todo lo que existe, cualquiera sea su configuración espacial donde se encuentre, es una asociación energética que se formó y evoluciona siguiendo alguna versión de la función exponencial natural, de la "espiral" natural. Ya vimos el *Patrón Universal* en la sección VI, Guías de "Navegación" del Proceso Existencial.

Siendo la existencia de naturaleza binaria, la distribución de la sustancia primordial en la Unidad Existencial tiene lugar conformando dos distribuciones exponenciales que establecen y definen los dos sub-dominios de asociaciones primordiales y su entorno de convergencia e interacción: el dominio material. Ver la sección *Sistema Termodinámico Primordial*.

El dominio material se halla inmerso en el manto de *fluído primordial* (manto de sustancia primordial sin asociaciones; es el manto de fluído perfecto).

Unidad Existencial

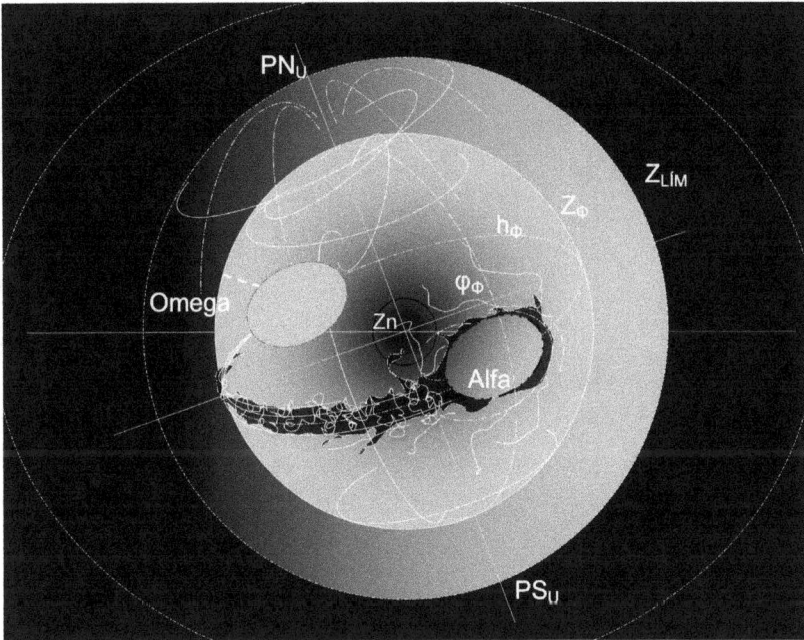

Figura III(A).
El Universo Absoluto, Unidad Existencial, es descripta energética y funcionalmente por el *Modelo Cosmológico Consolidado Científico-Teológico*, mientras que el Modelo Cosmológico Standard de la NASA solo describe nuestro universo, la hiper constelación Alfa en esta ilustración, que es componente del sistema binario Alfa y Omega de la Unidad Existencial.

Las dos hiper galaxias Alfa y Omega son dos "continentes" inmersos en el "océano" o manto *de fluído primordial*.

Unidad Existencial

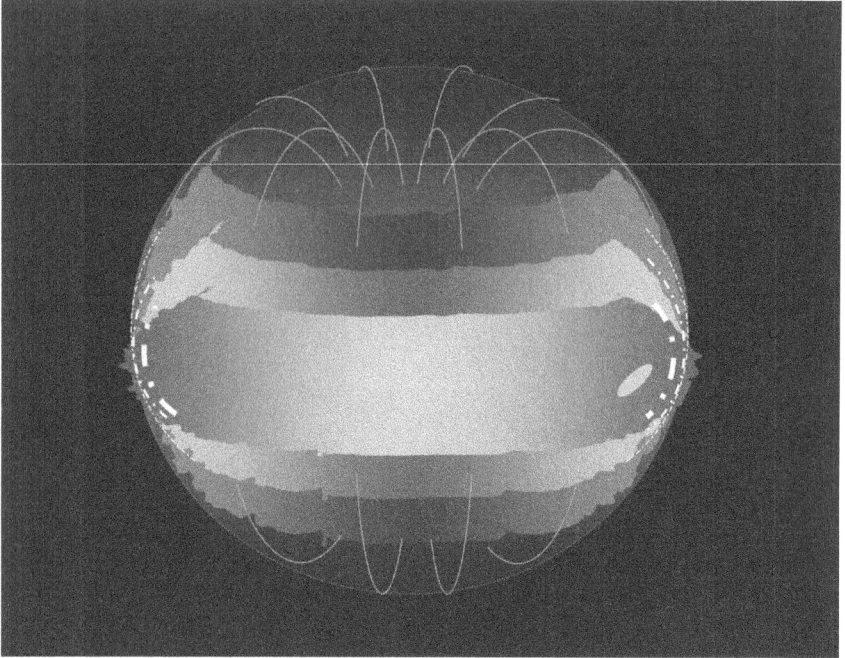

Figura III(B).
Estructura Multidimensional en "Capas de Cebolla".
Nuestro universo es el área indicada por el pequeño óvalo de la derecha. Nuestro universo es la hiper constelación Alfa de la estructura binaria Alfa y Omega de la Unidad Existencial que se ven en las otras ilustraciones (más adelante) como las estructuras $\in_1$ y $\in_2$, o también $\in^{(-)}$ y $\in^{(+)}$ respectivamente.

X

La Unidad Existencial

LA FUNCIÓN EXISTENCIAL

La Unidad Existencial es el contenedor del volumen de sustancia primordial y sus asociaciones. Ver sección Sustancia Primordial.

La Unidad Existencial contiene Todo Lo Que Es, Todo Lo Que Existe.

Fuera de la Unidad Existencial nada existe, nada hay, nada se define.

La Unidad Existencial es eterna, por lo tanto, es absolutamente cerrada; es la única entidad existencial absolutamente aislada.

(Nuestro universo no es una entidad aislada).

El volumen de sustancia primordial y sus asociaciones se distribuyen conformando una configuración inteligente consciente de sí misma.

La configuración inteligente sustenta y rige la FUNCIÓN EXISTENCIAL que tiene lugar en todo el volumen de la Unidad Existencial.

Decir que la configuración inteligente contenida por la Unidad Existencial es consciente de sí misma, que la Unidad Existencial es consciente de sí misma, o que la Unidad Existencial contiene y sustenta una FUNCIÓN EXISTENCIAL consciente de sí misma, es lo mismo.

Así, la Unidad Existencial toda es el cuerpo de DIOS;

la FUNCIÓN EXISTENCIAL es el proceso racional de DIOS;

la configuración de intermodulación, de interacciones del volumen del *fluído primordial*, de la sustancia primordial a nivel absoluto, es la mente de DIOS;

y la Consciencia Universal es la consciencia de nuestro universo; es Dios, la dimensión de DIOS en nuestro universo, y el manto espacio-tiempo de nuestro universo es la mente de Dios, con la que compartimos la mente de nuestra especie, colectivamente, y la de todos sus "canales", las mentes individuales de todos los seres humanos.

Descripción Energética.

La Unidad Existencial es una esfera espacial.

La Unidad Existencial es un hiperespacio multidimensional de naturaleza binaria.

Es una hiperesfera energética porque su volumen es sustancia primordial de naturaleza binaria (que luego veremos) que contiene a la energía, o mejor dicho, que tiene energía, la capacidad de generar movimientos; es un volumen de sustancia primordial y sus asociaciones (las partículas primordiales y la materia) y sus *cargas primordiales*, cantidades de rotación de las unidades de sustancia primordial que son las que determinan la energía eterna del volumen contenido. Ver sección Sustancia Primordial, más adelante.

La sustancia primordial es de naturaleza binaria; sus elementos son esferillas diminutas que tienen volumen y rotación propia.

Los elementos absolutos de sustancia primordial son las *unidades de carga primordial* que tienen un volumen definido, constante, inmutable, que es infinitesimal[a] y con una cantidad de rotación propia infinita[b].

Las cargas eléctricas en nuestro dominio material son versiones de la *carga primordial*.

Las *unidades de carga primordial* contienen la carga, la cantidad de rotación, la energía, es decir, la capacidad de tomar o ceder rotación, movimiento, que luego, por un proceso a nuestro alcance, induce las asociaciones con otras *unidades de carga primordial.*

Insistimos.

La cantidad de carga, el volumen de rotación, de movimiento primordial <u>contenido por toda la sustancia primordial y sus infinitas asociaciones</u>, es el volumen de energía o de movimiento total contenido en la Unidad Existencial.

El volumen de movimiento de la Unidad Existencial es absolutamente constante pues afuera de la Unidad Existencial nada hay, nada se define, nada existe. No puede haber ningún intercambio desde ni hacia la nada afuera de la Unidad Existencial.

La distribución fundamental de sustancia primordial de naturaleza binaria es la distribución fundamental de rotación de las unidades absolutas de sustancia primordial. Este nivel es el *fluído primordial.*

En el manto de *fluído primordial* se encuentran inmersas todas las asociaciones de sustancia primordial, desde las partículas primordiales hasta las colosales estructuras de constelaciones y galaxias, es decir, todas las células del cuerpo de DIOS.

La sustancia primordial y sus asociaciones dentro de la Unidad Existencial se configuran en dos mantos diferentes, en dos sub-dominios (espacios) de asociaciones de la sustancia primordial; y la interacción entre esos dos sub-dominios definen el dominio material en el que se encuentra nuestro universo. Esos dominios son las distribuciones dentro y fuera de la esfera ZΦ en la Figura III(A), o las distribuciones D_1 y D_2 de la Figura IV.

Veamos la analogía del pez.

El pez vive en el agua.

Si el pez fuera consciente y pensara, vería que vive en una dimensión de agua que es interfase entre el *agua sólida* en la que no puede vivir (en los hielos polares) y el *vapor de agua* presente

---

63

en la atmósfera, en la que tampoco puede vivir. El vapor de agua de la atmósfera es un sub-dominio de asociación de las moléculas de agua, y el hielo es otro sub-dominio de asociación, y la interacción entre ambos determina el dominio líquido en el que vive.

Igualmente con los seres humanos y las asociaciones de sustancia primordial.

Tenemos dos sub-dominios de asociaciones de sustancia primordial (que veremos con más detalles al introducir la sustancia primordial) a los que no alcanzamos nunca desde nuestra condición humana, desde nuestro dominio material que es el resultado de la interacción de esos dos sub-dominios primordiales de asociación de sustancia primordial. El dominio primordial, que se subdivide en los dos cuya interacción resulta en nuestro universo, es el *dominio espiritual*; es el dominio que se alcanza con la mente, con el proceso racional.

Caben destacar los aspectos e información primordial energética que siguen, que se nos pone a disposición por haber llegado a la Unidad Existencial,

- Energéticamente el hiperespacio de existencia es un capacitor binario. Podemos emplear conceptos y aplicaciones conocidas de nuestro universo para expandernos hacia el otro dominio existencial;

- Configuración en "capas de cebolla" de distribución de densidad del *fluído primordial*; de las asociaciones de sustancia primordial, de las partículas primordiales y estructuras materiales inmersas en él. Aunque no vemos estas "capas" ellas son las que permiten que tengamos la generación de la experiencia de pasado y futuro en un proceso que ocurre siempre en presente;

- La "capa de cebolla" en la que se sitúa nuestro universo es la hipersuperficie de convergencia $Z\Phi$, la capa fundamental que divide a la Unidad Existencial en los dos sub-dominios de asociaciones fundamentales de la sustancia primordial: el sub-dominio interno D_1 y el sub-dominio externo D_2, que son, respectivamente, los sub-dominios de disociación y re-asociación de las partículas primordiales;

- **Configuración exponencial (o logarítmica, su inversa) fundamental, la <u>componente "portadora" de referencia absoluta</u> de los *campos de inducción y gravitación primordial* (cuya interacción resulta en el dominio material) sobre la que tienen lugar las modulaciones de las gravitaciones de las galaxias y sus sistemas estelares, y las modulaciones en el microuniverso que dan lugar al *campo cuántico*;**

- **La fuerza de gravedad no reside en la nuclearización universal sino en la re-distribución del *fluído primordial*, pero tiene relación con la masa de la nuclearización;**

- **No hay una distribución de asociaciones de sustancia primordial con una pendiente monótona entre periferia y centro sino dos distribuciones exponenciales hacia la hipersuperficie de convergencia energética en el interior de la Unidad Existencial, desde la periferia $Z_{LÍM}$ y el centro Zn. Estas dos distribuciones son la *inducción (D_1) y gravitación (D_2) primordiales,* cuya interacción da lugar al dominio material, a la estructura de circulación k que veremos en la sección Sistema Termodinámico Primordial;**

- **Hebras energéticas radiales desde $Z_{LÍM}$;**

- **Campos gravitatorios alrededor de una nuclearización universal y de una partícula primordial;**

- **Partícula de gravitación.**

Descripción Funcional.

Los dos sub-dominios de asociaciones de la sustancia primordial sustentan una configuración inteligente eterna en el dominio material cuya presencia induce una re-distribución de las rotaciones, de las *cargas primordiales* de todo el manto de sustancia primordial en el que ella se encuentra inmersa. Este manto en el nivel absoluto constituye el *fluído primordial* de la Unidad Existencial y cuya distribución espacial origina el *campo de fuerzas primordiales*. Ver sección Sustancia Primordial.

Las re-distribuciones energéticas todas, en todos los niveles energéticos, y las interacciones entre estructuras de información dentro de la Unidad Existencial, definen la FUNCIÓN EXISTENCIAL que tiene dos componentes:

- El proceso ORIGEN,
  que es la re-distribución puramente energética; y

- La INTERACCIÓN DE CONSCIENCIA,
  a la que llamamos Consciencia Primordial cuya identidad es DIOS.

El universo, parte del dominio material de la Unidad Existencial, y parte de la FUNCIÓN EXISTENCIAL, sustenta un proceso UNIVERSO y dentro de éste tiene lugar el proceso SER HUMANO, ambos puramente energéticos; y junto a éstos tienen lugar las interacciones que resultan en la Consciencia Universal y la consciencia humana.

En la Unidad Existencial, la componente de la FUNCIÓN EXISTENCIAL que es consciente de sí misma, la INTERACCIÓN DE CONSCIENCIA, tiene lugar específicamente en la Estructura Trinitaria Primordial, sobre una interfase de interacciones entre los dos sub-dominios energéticos primordiales sobre el que se establece y define el dominio material. Esa interfase es la *mente pri-*

mordial, la mente de DIOS.

Solo hay vida en esta interfase de convergencia o de interacciones entre los dos sub-dominios primordiales.

Sobre esta interfase se reconoce DIOS a sí mismo, es decir, se reconoce a sí mismo el proceso de interacciones que tiene lugar en ella, proceso del que todas las especies de vida somos partes inseparables. Las especies de vida son unidades de inteligencia, de interacción del proceso consciente de sí mismo. Una vez evolucionadas, ciertas especies (entre ellas nosotros, los seres humanos de la Tierra) alcanzan el desarrollo para acceder a la estructura de consciencia colectiva de la especie primero, de la Consciencia Universal luego, Dios, y finalmente de la Consciencia Primordial, DIOS.

Uno de los componentes de la TRINIDAD PRIMORDIAL es absolutamente análogo a nuestra alma: es el alma de DIOS, es el Espíritu Santo o Espíritu de Vida.

En la Trinidad Primordial, *Madre/Padre* es la dimensión de consciencia que estimula y orienta a la dimensión de consciencia *Hijo*.

Conoceremos la hipersuperficie energética de la TRINIDAD PRIMORDIAL donde reside la configuración que define el nivel de Consciencia de Referencia Absoluta de la FUNCIÓN EXISTENCIAL, del Espíritu Santo o Espíritu de Vida, lo que ahora entendemos como tal. Esa hipersuperficie es $Z\Phi$.

En la estructura de control de las interacciones de la FUNCIÓN EXISTENCIAL consciente de sí misma tenemos que (recordar la Figura I, en la sección de Introducción),

- *Madre/Padre, Dios,* es la referencia;

- *Hijo*, especie humana, es el resultado del proceso;

- *Espíritu de Vida* es el algorimo de control.

67

(a)

Infinitesimal significa minúsculo, casi nulo con respecto a nuestro U-NO (1) relativo; es el volumen que expresado matemática y relativamente a la unidad en nuestra dimensión energética escribimos como la parte minúscula de nuestra unidad mediante la expresión $(1/\infty)$, uno dividido por infinito (infinito es una cantidad real, finita, pero inmensa, inalcanzable físicamente).

(b)

En realidad es finita, pero inmensurablemente grande, inalcanzable físicamente; inmedible en nuestra dimensión existencial.

Espacio de Existencia

Un "Hueco" en la No-Existencia Absoluta

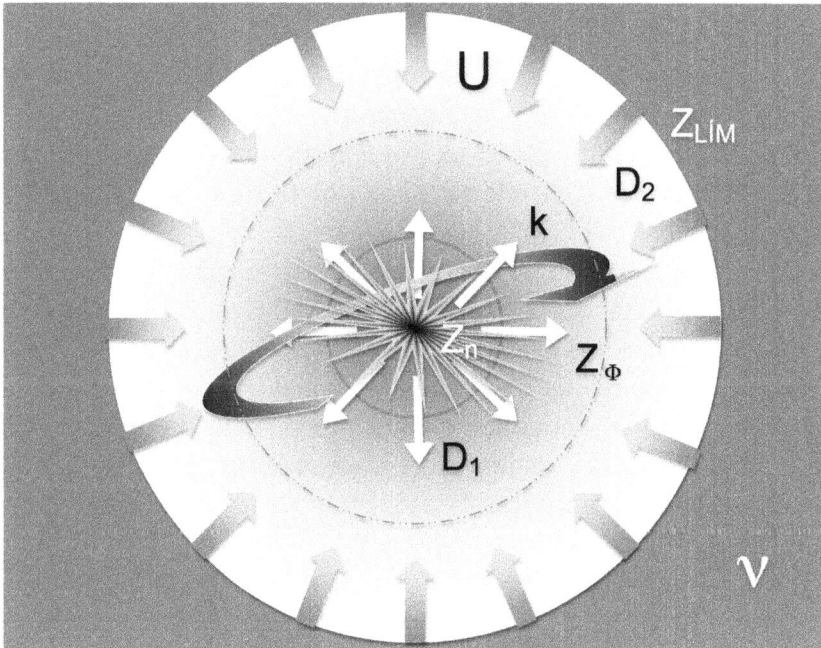

Figura IV.
Espacio de Existencia U.
Podemos imaginar el espacio de existencia como un "hueco" en la nada absoluta, en la infinidad absoluta que hay afuera del "hueco" dentro del cuál sí hay existencia.

El cierre absoluto del espacio de existencia, de la configuración de la presencia eterna, se expresa como *Principio de Exclusión Mutua Entre Existencia y No Existencia*. Dentro del espacio de existencia no puede haber un solo punto que no tenga un elemento de la sustancia natural de la que todo se genera y re-crea cuya presencia establece y define el espacio de existencia. O dicho de otra manera, no hay un solo punto dentro del espacio de existencia en el que haya vacío absoluto. Siempre hay presente sustancia primordial. Los intersticios entre elementos absolutos de sustancia son siempre rodeados de sustancia en contacto entre sí. Hay continuidad absoluta en el volumen de sustancia primordial.

La existencia anula la no-existencia dentro de ella, y viceversa; pero la no existencia permite la consciencia de la existencia.

Naturaleza binaria de la existencia significa que ella no se puede reconocer a sí misma sino por la no-existencia fuera de ella.

Energéticamente, la no-existencia es estimulación fundamental del proceso existencial, pues en la periferia existencial, en $Z_{LÍM}$, se genera la pulsación existencial, ver sección Pulsación; y es la estimulación fundamental del proceso racional para el desarrollo de consciencia de la eternidad, y de entendimiento del mecanismo de re-creación de las unidades de proceso temporales que permiten y sustentan el acceso a la estructura de Consciencia Universal eterna.

La consciencia de sí misma de la existencia, del proceso existencial, es posible por la naturaleza binaria de la sustancia primordial que estimula la formación de la <u>unidad binaria de interacciones que se reconoce a sí misma entre estados opuestos</u> frente a una referencia absoluta con la que conforma la estructura TRINITARIA PRIMORDIAL, a la que hemos de llegar.

La consciencia de sí mismo del proceso existencial es un proceso de comparaciones entre experiencias del proceso frente a diferentes parámetros de interacción; experiencias en relación a un estado de proceso de referencia absoluto, eternamente inmutable, que en nuestro nivel reconocemos como el estado de sentirnos bien.

XI

Modelo Mecánico Racional de Re-Creación de la Unidad Existencial

Modelación de una "instalación" o una re-creación del hiperespacio[a] de existencia

El espacio energético de existencia es una presencia eterna; no hubo jamás una creación ni una "instalación inicial". No obstante, hay re-creaciones de sí mismo de su contenido, de la Forma de Vida Primordial; luego, para cada período de Su re-creación podemos considerar un inicio que sigue un mecanismo que es análogo al que sigue nuestro propio universo, al que sí podemos reproducir en nuestra dimensión existencial. Este mecanismo se presenta en el *Modelo Mecánico Racional de Re-Creación del Hiperespacio de Existencia.* En este modelo la configuración eterna es idealmente sacada de su estado de funcionamiento permanente; es llevada a un estado de colapso, a un estado que es muy similar al que se presenta como el final de la expansión de nuestro universo, y esta idealización es completamente válida en virtud de las propiedades de la sustancia primordial y sus asociaciones que constituyen el manto de *fluído primordial* que "llena" la Unidad Existencial, o mejor dicho, que la establece y define. Las propiedades del fluído primordial son las que determinan las propiedades topológicas de nuestro universo: *continuidad, conectividad, convergencia.*

Aunque no podemos incluir el *Modelo Mecánico Racional*[b] de

Re-Creación del Hiperespacio de Existencia en esta presentación, pues se escapa del propósito de esta introducción, mencionaremos a continuación los aspectos fundamentales que cubre,

- "Instalación" inicial de un manto de sustancia primordial.
  Ver sección Sustancia Primordial.
  Proceso transitorio desde un estado teórico inicial de "verter" sustancia primordial en el "hueco" de existencia, hacia el estado oscilatorio permanente, eterno, que cubre el proceso de formación de las partículas primordiales y el fenómeno de "resbalamiento" visto como colapso de los entornos de convergencia de las distribuciones de la sustancia primordial.

- Para la ciencia,
  solución del establecimiento del hiperespacio de energía como un capacitor binario que resulta de dos sub-dominios de re-distribuciones de sustancia primordial y sus asociaciones siguiendo funciones exponenciales. Estos dos sub-dominios (D_1 y D_2, Figura IV) en que inicialmente se re-distribuye la presencia de sustancia primordial (son los "dieléctricos" del capacitor binario) convergen sobre una "placa", en un entorno ($Z\Phi$) en el que sus interacciones establecen y definen el dominio material del que nuestro universo es parte.
  El capacitor binario es una estructura trinitaria.
  Ver sección Sistema Termodinámico Primordial.
  En la Figura V ilustramos a la Unidad Existencial, al hiperespacio de energía interna, como un colosal capacitor binario.

- Para todos,
  Proceso de conmutación entre universos.
  Presentamos una versión simple más adelante en este libro.
  En la Figura VI ilustramos la configuración del dominio material en "capas de cebolla" con las dos hiper galaxias Alfa y Omega que conforman la unidad binaria sobre la que luego veremos el proceso de conmutación de vida de uno a otro.

Ahora bien.

Para explorar la solución del capacitor binario y, o el proceso de conmutación de vida entre universos, necesitamos reconocer la sustancia primordial y sus propiedades.

Hasta que no reconozcamos plenamente la sustancia primordial, su naturaleza, y la configuración de su distribución interna en la Unidad Existencial conformando el manto de *fluído primordial* del espacio de existencia U, no podremos resolver el origen mecánico de nuestro universo ni reconocer el *sistema termodinámico primordial* que nos permite formular la Teoría de Todo que consolida los campos de fuerzas del universo en un solo campo.

Para entender la configuración de distribución interna del *fluído primordial* necesitamos explorar y entender la reacción de la sustancia primordial y sus asociaciones, las partículas primordiales, en la periferia $Z_{LÍM}$ del espacio de existencia, de la Unidad Existencial.

Fuera de la superficie energética límite $Z_{LÍM}$ nada existe, nada se define, nada hay; es el vacío absoluto (ν, Figura IV). Imaginar el vacío absoluto no es simple. Si nos acercáramos (cosa imposible pues nada puede vivir cerca de la periferia del espacio de existencia), energéticamente percibiríamos una radiación infinitamente fuerte, de una frecuencia fantástica de una longitud de onda casi nula. Esta radiación se debe a la disociación y re-asociación continua, incesante, de la sustancia primordial de la que todo se genera y re-crea que revisaremos un poco más adelante. Obviamente nada es visible, y la temperatura en este entorno límite es infinitamente alta.

De la reacción de la sustancia primordial en $Z_{LÍM}$ depende la energización eterna del proceso de re-creación continua de sí misma de la Forma de Vida Primordial. Ver sección Pulsación de la Unidad Existencial.

La reacción de la sustancia primordial en $Z_{LÍM}$ origina el *campo* de fuerzas D_2 (campo de _asociación_), y la re-distribución de la convergencia en el centro, núcleo Zn, origina el campo de fuerzas D_1 (campo de _disociación_); la interacción entre los dos campos D_1 y D_2 da lugar a una circulación k, eterna, de las asociaciones que genera y sustenta la interacción entre ambos campos de fuerzas. Esa asociación es el dominio material del que nuestro universo es parte.

Estas re-distribuciones se visualizan mejor como trenes de ondas generados por las asociaciones y disociaciones de sustancia primordial desde la hipersuperficie periférica $Z_{LÍM}$, sus re-distribuciones desde el centro geométrico Zn, e intersección de los dos juegos de trenes en un entorno medio, en la hipersuperficie $Z\Phi$ de convergencia de los trenes de re-distribuciones de asociaciones y disociaciones. Ver la sección de Re-Creación de la Unidad Existencial, Trenes de Ondas.

En la estructura de Consciencia Universal los _campos de_ **fuerzas** D_2 **y** D_1 **son** _Amor y Temor._

(a)
Es importante diferenciar entre espacio de referencia e hiperespacio real. Por ello insistimos en esta notación.

Hiperespacio es espacio lleno de energía, o más adecuadamente, es un espacio con sustancia primordial y sus asociaciones (las que tienen energía, capacidad de tomar o ceder movimiento).

(b)
Este modelo será parte del libro que continúa esta introducción, _Re-Creación de Nuestro Universo_, cuya preparación se iniciará en el año 2016.

Para la Ciencia

Colosal Capacitor Binario

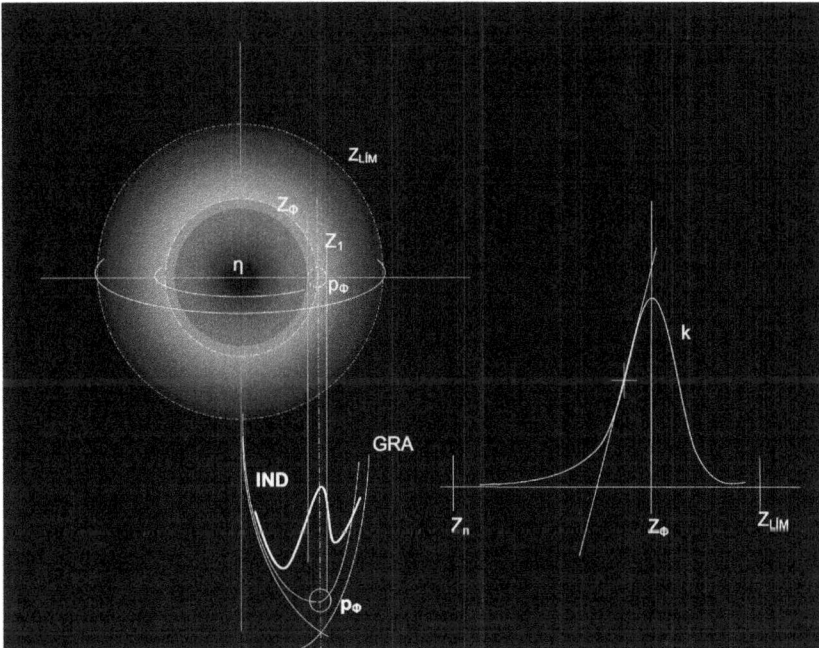

Figura V.
Capacitor binario.
Para la ciencia la solución de este capacitor binario será muy simple una vez que se hayan reconocido las *unidades de cargas primordiales* de las que las cargas eléctricas en nuestro dominio material son sus versiones locales.

Reconoceremos las *unidades de carga primordiales* en la sección Sustancia Primordial.

Para Todos

Sistema Binario Primordial [Alfa-Omega]

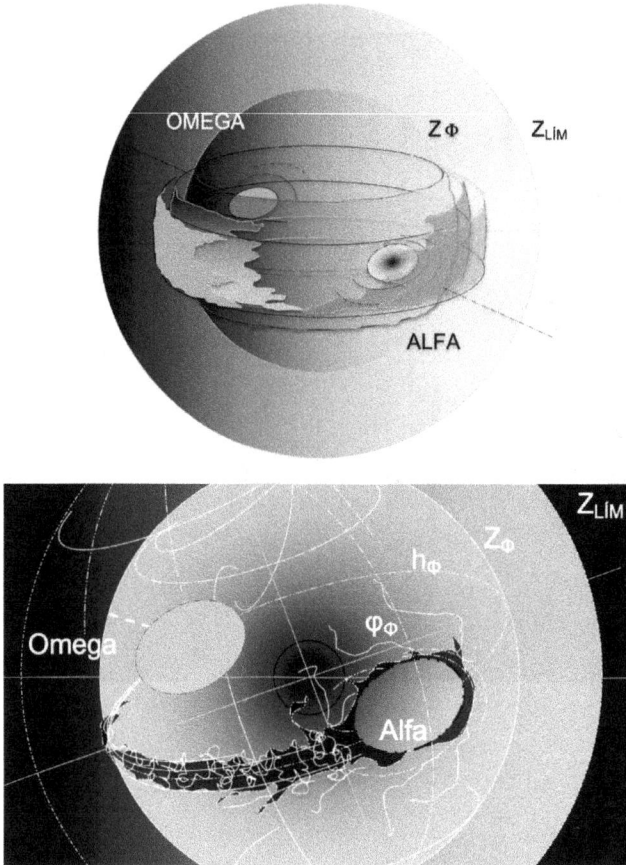

Figura VI.
Sistema Binario [Alfa-Omega].
A resolver por un proceso de conmutación entre dos asociacio-
nes que oscilan entre dos estados energéticos.

XII

Configuración del Dominio Material

Materia, anti-materia y materia "oscura"

Solución energética del sistema binario [Alfa-Omega] que sustenta la Consciencia de la Inteligencia de Vida Primordial

Sólo hay vida (Dios y el resto) en el dominio material que tiene dos sub-dominios, dos universos: las hiper galaxias Alfa y Omega, y las estructuras remanentes de un lado, y emergentes del otro, que conectan a ambas a lo largo de un hiperanillo hΦ que vemos en la Figura VI.

Estos dos sub-dominios son materia (nuestro universo Alfa y su parte del hiperanillo hΦ) y materia "oscura" (el universo Omega y su parte del hiperanillo de circulación hΦ). Materia "oscura" es la que no se ve.

Estos sub-dominios materiales son asociaciones de partículas primordiales que tienen lugar en entornos de densidades de asociación diferentes (los entornos de <u>energía</u> y "<u>energía oscura</u>" de que hablan algunos cosmólogos) de los componentes del *fluído primordial*, del manto energético primordial (ver sección Sustancia Primordial) con respecto al valor de densidad media a lo largo del hiperanillo hΦ (ver sección Sistema Termodinámico Primordial).

Todo el resto, los dos sub-dominios primordiales D_1 y D_2, o los campos de fuerzas primordiales GRAVITACIÓN (GRA) e INDUC-CIÓN (IND) que vemos dentro y fuera, respectivamente, de la hipersuperficie ZΦ en el capacitor binario, Figura V, genera y sustenta el dominio material sobre el hiperanillo hΦ y las interacciones del proceso consciente de sí mismo que tiene lugar en este entorno, nuestro universo.

La vida tiene lugar sólo en un universo a la vez, durante un semiperíodo y al cabo del cuál se transfiere al otro universo durante otro semiperíodo de un proceso de re-energización de cada universo; y así continua, eternamente.

La ciencia puede resolver este sistema binario por la solución de un *sistema resonante primordial*.

La visualización al alcance de todos, más limitada, es por un proceso de control de conmutación SI-NO [ON-OFF] entre dos entornos, dos hiper galaxias, dos universos, en el que en uno de los universos se sustenta la vida mientras que el otro se re-energiza. La conmutación ocurre al completarse la carga de energía y la re-creación de las condiciones de vida en uno, al mismo tiempo que se llega al límite de la carga energética y de las condiciones de vida en el otro; en los instantes que definen los estados energéticos inicial y final (que veremos luego) de los semiperíodos de vida sobre los que tiene lugar la transferencia de vida en el tren eterno de ciclos continuos, incesantes. El reto, para todos, incluyendo a la ciencia y teología, es visualizar la configuración del manto de *fluído primordial*, la configuración de su re-distribución que conforma el sistema resonante a un nivel racional, o de control de conmutación a otro nivel racional más simple, "automático", auto-recargable, al que llegaremos.

XIII

El Patrón Primordial "Oculto"

Hay otro patrón primordial, absoluto, frente al que la interpretación limitada que hasta hoy prevalece de la Segunda Ley de la Termodinámica se invalida a sí misma de una manera que está al alcance de todos.

Este otro patrón primordial, no reconocido, es el siguiente.

El estado energético de todo lo que es, todo lo que existe que observamos, evoluciona hacia un estado final, hacia un estado de referencia en nuestro universo, es verdad (hacia la temperatura absoluta de $0°K$). Pero nuestra referencia universal oscila continua, permanentemente, entre dos estados sobre la componente fundamental de evolución de la Unidad Existencial (cuyo período de oscilación es de miles de millones de años nuestros). Esta componente fundamental es la componente "portadora" del proceso de evolución de la Unidad Existencial.

Esta oscilación entre dos estados es necesaria para la vida y lo observamos en nuestro sistema energético, en la Tierra, en su oscilación diaria y anual entre dos estados alrededor de un estado medio; estas oscilaciones sirven para restituir y redistribuir energía en las formas de vida.

La interacción o intersección entre dos distribuciones exponenciales de *unidades de carga primordial* (ver unidades de carga primordiales en sección Sustancia Primordial) da lugar, naturalmente, a una estructura de circulación en el entorno de interacción; y las partículas en las unidades de circulación, en las órbitas de partículas alrededor del núcleo, del centro de intersección, oscilan entre dos niveles de densidades a causa de las diferentes pendientes (gradientes) de las componentes de las distribuciones exponenciales que convergen en el núcleo (ver la sección Sistema Termodinámico Primordial). Ver Figura VII en la próxima página.

El desarrollo de la consciencia de sí mismo de un proceso se hace posible y se sustenta por las comparaciones de efectos, de experiencias de vida "positivas y negativas", de oscilación frente a un estado de referencia (que es el estado de sentirse bien). El desarrollo de consciencia sólo es posible en una unidad de proceso binario que suminista experiencias alrededor de una componente portadora que está directamente relacionada con el estado primordial de sentirse bien. (Unidad de proceso binario se define por interacciones entre dos componentes inseparables que la definen).

¡ATENCIÓN!

Tal vez deseen hojear las próximas secciones, y detenerse en las secciones XXI y XXII para tener una idea preliminar de lo que deseamos alcanzar con la información que iremos introduciendo hasta llegar a esas dos secciones, y luego regresar y retomar la exploración desde este punto,

Sección XXI,

En la Cónsola del Centro de Creación de Todo Lo Que Observamos y Experimentamos (en la Cónsola de DIOS);

Sección XXII,

ZΦ, Hipersuperficie "portadora" del proceso consciente de sí mismo, de la FUNCIÓN EXISTENCIAL.

La secuencia de presentación que estamos siguiendo es la natural, conforme a la cual se fue revisando la fenomenología energética universal para llegar al entorno de la Unidad Existencial donde tiene lugar la FUNCIÓN EXISTENCIAL consciente de sí misma.

—

Las hiper galaxias Alfa y Omega oscilan entre dos estados límites de circulación.

El estado de "reposo" absoluto al que tiende nuestro universo, según la interpretación actual prevalente a partir de las observaciones de diversos aspectos de la fenomenología energética, no es más que el estado de paso de una densidad energética a otra del manto energético universal, densidades opuestas con respecto a un valor medio de referencia dado por la temperatura absoluta. Este paso transitorio por el valor medio se ve como permanente, final, desde nuestra dimensión de tiempo. Este aspecto requiere de una revisión mucho más detenida.

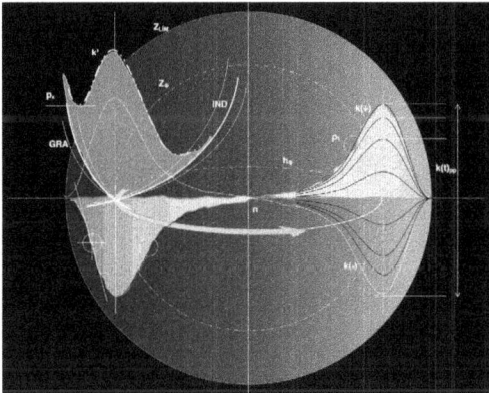

Figura VII.
Estructuras de circulaciones de Alfa y Omega con respecto al valor medio, de referencia absolutamente constante (el eje x).

El valor de referencia (eje x) no es nulo sino que tiene un cierto valor con respecto al que la circulación [k] de una hiper galaxia es positiva, Alfa a la derecha, mientras que la otra, Omega a la izquierda es negativa. Al pasar ambas por "cero" para invertirse a negativa Alfa [parte inferior de la derecha k(-)], y positiva Omega, en realidad están pasando por el nivel medio de referencia (el eje x). Este nivel medio de referencia tiene temperatura de cero grado

Kelvin [(-)273.15 grados Celsius; (-)469.67 grados Fahrenheit].
Ver sección Temperatura.

¿Por qué se manifiesta y sustenta la vida de la especie humana en la Tierra?"

La Tierra es una estación remota de concepción de vida universal que se halla en un entorno particular de la galaxia Vía Láctea.

La Tierra tiene una distribución de átomos y una estructura de proceso que permite replicar la cadena genética primordial cuya información recibe a través de la modulación de la red, del "tejido" espacio-tiempo del *fluído universal*. Esta modulación proviene del universo que se halla en el proceso de contracción (Omega) y transfiere la vida al universo en proceso emergente, en expansión energética (Alfa).

Por otra parte, la Tierra es un sistema binario en sí misma que mantiene condiciones de vida entre los estados límites del proceso que se entretiene en el sistema binario (que tiene lugar entre los océanos, la superficie y la atmósfera de la Tierra).

Visualizamos a la Tierra como una unidad binaria en sí misma cuando aprendemos a reconocer día y noche, e invierno y verano, como los dos estados energéticos entre los que oscila la *función de vida* que tiene lugar dentro de los arreglos de vida, que entretienen los arreglos de vida (o arreglos biológicos); estados dentro de los límites de vida. Los estados energéticos de la superficie de la Tierra en el día y la noche, y en el invierno y el verano, son los componentes binarios de la "fuente" energética local en la Tierra (que genera la actividad solar) de la que se alimentan todas las formas de vida en la Tierra. La fotosíntesis tiene lugar durante el día, cuando al recibir luz solar las plantas toman dióxido de carbono; durante la noche liberan el exceso. Invierno y verano introducen variaciones de temperatura para las que tienen lugar diferentes acciones de la función de vida (vegetal en este caso).

XIV

Naturaleza Binaria de la Existencia

Espacio y Tiempo

La existencia es de naturaleza binaria.

"Existencia es sustancia y movimiento, inseparables".

La naturaleza binaria de la existencia está implícita en el modelo matemático espacio-tiempo de nuestro universo.

El espacio se establece por la presencia de sustancia primordial, y tiempo es la variable para medir la cantidad de movimiento asociado inseparablemente al espacio.

Todo lo que es, todo lo que existe, el espacio existencial y todo y cualquier espacio o volumen de proceso energético (de intercambio de partículas y movimientos) y la materia se establecen y definen por la presencia de sustancia primordial que tiene un movimiento primordial inherente. Todo lo que es, todo lo que existe, es una asociación de sustancia primordial con una cantidad de movimiento inherente, con una cantidad de rotación que es la suma de las rotaciones inherentes de todos los elementos de sustancia primordial que lo componen. Ver sección Sustancia Primordial.

La asociación de los elementos de sustancia primordial para formar las partículas primordiales, y la asociación de partículas primordiales para formar la materia, incluyen la asociación de las rotaciones de los elementos que se asocian. Esta asociación de rotaciones es la puesta en fase de las rotaciones individuales que se obtiene ajustando, reposicionando sus ejes de rotaciones, y ajustando las atmósferas de sustancia primordial por fuera de la asociación; todo por un mecanismo a nuestro alcance.

Luego, la unidad existencial que tomemos, una partícula primordial o un trozo de materia, una roca por ejemplo, es una asociación de sustancia primordial y una cantidad de movimiento interno, de rotaciones, por cuya asociación se mantiene la unidad existencial, ya sea la partícula primordial o la roca. Un átomo es formado por un núcleo que rota a una frecuencia fantástica que no puede medirse; esa rotación modula el manto primordial en el que se encuentra, e induce, captura otras partículas, electrones, y los pone a orbitar alrededor de él. Todos los átomos sincronizados, en fases sus movimientos, generan la unión sólida que luego observamos en una roca, y en todos los materiales; en unos más fuerte la asociación, en otros menos.

Por lo tanto, como dijimos inicialmente, todo lo que existe y todo material es sustancia y movimiento, inseparables.

El elemento existencial absoluto es una unidad de naturaleza binaria; es una unidad de masa (es la cantidad de sustancia primordial de un volumen elemental de sustancia primordial) que tiene una cierta cantidad de movimiento inherente; es la unidad que en partículas primordiales se llama unidad de carga.

Así, la Unidad Existencial es un volumen de sustancia primordial que tiene un volumen de rotaciones, de movimientos primordiales, que le dan la energía, la capacidad de generar movimientos en todas sus asociaciones y disociaciones que tienen lugar dentro de ella.

No hay material (asociación de sustancia primordial) sin energía asociada, ni hay energía que no provenga de una asociación de sustancia primordial.

La energía no es materia prima.

Energía es una capacidad de la materia prima, de la sustancia primordial.

Tiempo.

Tiempo es una variable de referencia de nuestra creación.

Para evaluar la cantidad de movimiento que se pone en juego en un proceso de re-distribución o de intercambio energético necesitamos una referencia de cantidad de movimiento.

Por ejemplo, arrojamos una piedra a un estanque cuya agua se halla en reposo, y deseamos medir el tiempo que tarda el estanque en regresar a su estado de reposo (en teoría este tiempo es infinito, que en la realidad significa que es muy largo). El tiempo mide, indirectamente, la cantidad de re-distribución energética, de rotaciones, de movimientos de todas las moléculas de agua por la presencia de la piedra al arrojarla al estanque. O dicho de otra manera, el tiempo que transcurre en este proceso de re-distribución, la cantidad de movimiento de nuestra referencia, depende de la cantidad de agua del estanque y de lo que la disturba. Lo que se desea destacar aquí es que todo es relativo, algo que ya sabemos pero no deja de confundirnos cuando exploramos un fenómeno energético.

Esta referencia es el tiempo.

Tomamos como referencia lo que consideramos que es constante, que no depende de nada, cosa que jamás es cierto absolutamente pues todo, absolutamente todo en el universo y en la Unidad Existencial, varía, evoluciona, cambia, aunque lo hace a un ritmo tan lento para nosotros que es prácticamente constante para nuestra apreciación y efectos en nuestra dimensión espacial y temporal.

La referencia de tiempo que tenemos en el presente es la actividad de un átomo estable; en nuestro caso es el átomo de cesio (Cs) que tiene una frecuencia de pulsación constante.

Nuestra unidad de tiempo es el segundo, que se define por la cantidad de 9,192,631,770 pulsos del átomo de cesio.

Notemos que el átomo de cesio tiene esa frecuencia de pulsación en nuestro entorno energético galáctico. Por lo tanto, como ya dijimos,

nuestro tiempo es en realidad una variable de referencia relativa que evoluciona con nuestra galaxia,

aunque nosotros no podemos detectar los efectos inmediatos de esta evolución.

Pero a otra escala del proceso existencial, si nuestra referencia de tiempo evoluciona, entonces los resultados obtenidos en base a nuestro tiempo no son correctos y nos afectan en nuestro entendimiento del proceso existencial. Por ejemplo, no podemos estimar la edad de nuestro universo en años terrestres ya que por una parte la expansión energética que dio lugar a nuestro universo no tiene lugar a velocidad constante, y por otra parte tampoco se conoce la versión de la función exponencial bajo la que evoluciona el universo, ni se puede estimar a partir de una pulsación (la del átomo de Cesio) que es válida sólo en nuestra galaxia y en cortos períodos de tiempo, en nuestra dimensión de tiempo.

Infinidad y eternidad.

No hay espacio absolutamente infinito, abierto, interminable, sino un proceso existencial continuo, incesante, absolutamente sin fin, que se sustenta dentro de un espacio inmensurablemente grande pero finito.

La eternidad es una sucesión absolutamente infinita, interminable, de re-distribuciones de cargas primordiales, de rotaciones de las unidades de carga primordiales contenidas en la Unidad Existencial, por las que se conducen la re-energización continua, incesante por sí misma de la Forma de Vida Primordial que se halla inmersa en el seno del *fluído primordial* que llena el espacio existencial de la Unidad Existencial, y las re-creaciones de la estructura de interacciones por las que sustenta la consciencia de sí misma de la Forma o Unidad de Vida Primordial, la Consciencia Primordial.

XV

Sustancia Primordial

"Materia Prima" de Todo Lo Que Es, Todo Lo Que Existe

« ¿No les he dicho que ustedes y Yo estamos hechos del mismo polvo de estrellas (de sustancia primordial)? ».
Dios, desde la eternidad.

"Nada puede ser creado de la nada".

Todo es resultado de algún arreglo, de alguna asociación de sustancia primordial. Incluso los pensamientos, ideas y conceptos son constelaciones de experiencias e información; son complejos arreglos espaciales y temporales, arreglos de re-distribuciones e interacciones de asociaciones de sustancia primordial a otro nivel fuera del que se alcanza por los sentidos del rango material del observador.

Luego, hay "algo" a nivel inicial, absoluto.

Tenemos la presencia de la *sustancia primordial* (del latín *primordialis*: primero de todo) que junto con sus asociaciones establece y define la Unidad Existencial; establece y define el espacio de existencia; establece y define el contenido del hiperespacio de energía, es decir, el espacio lleno de "algo" que tiene energía (la capacidad de moverse continua, permanente, incesantemente); establece y define, entonces, a la Unidad Energética Absoluta, como puede ser considerada la Unidad Existencial.

Un nivel de asociación de sustancia primordial define el *domi-*

---

nio de asociaciones primordiales, dominio que no alcanzamos con los sentidos ni la instrumentación; y otro nivel de asociación define el *dominio material* que sí alcanzamos con nuestros sentidos y la instrumentación. Sentidos e instrumentación sólo detectan un rango de asociaciones de sustancia primordial y, o un rango de sus movimientos.

La materia es solo un nivel de asociación de la sustancia primordial de la que todo está hecho, inclusive DIOS, Consciencia de la Unidad Existencial, y Dios, nivel o dimensión de consciencia en nuestro universo, Consciencia Universal.

De modo que la estructura energética de DIOS está a un nivel de asociación de la sustancia primordial, y las estructuras de las manifestaciones de vida y el ser humano a otro; pero todas son asociaciones de la misma única sustancia primordial, del mismo "polvo" de estrellas.

Materia es la <u>fisicalización</u>, la <u>realidad en nuestro dominio de la existencia</u>, de la coalescencia, de la "separación" de elementos y partículas primordiales del manto de sustancia primordial, y su asociación en un nivel detectable a nuestros sentidos e instrumentación; asociación que siempre queda inmersa en el manto de *fluído primordial*.

La presencia del dominio material es parte permanente y de volumen inmutable en la Unidad Existencial, aunque cambia su distribución espacial y temporal dentro de ella.

En el dominio primordial, a su vez, hay una distribución de sustancia sin asociaciones que conforma el manto de *fluído*[a] *primordial* en el que se hallan inmersas todas las asociaciones de la misma que conforman los dos dominios: primordial y material.

Los dos dominios se dividen en dos sub-dominios; son los sub-dominios que comienzan a reconocerse limitadamente como los sub-dominios de energía y "energía oscura" para el dominio primordial, y los sub-dominios de materia y materia "oscura" (oculta, no visible por la distancia) para el dominio material. Ver Sistema

Termodinámico Primordial.

Manto u océano de sustancia primordial.

Manto de *fluído primordial.*

En el manto de *fluído primordial* se desarrolla la configuración del *campo de fuerza*[b] *primordial.* Esta es la configuración a la que vamos a llegar posteriormente para poder formular la Teoría de Todo[c] que busca la ciencia.

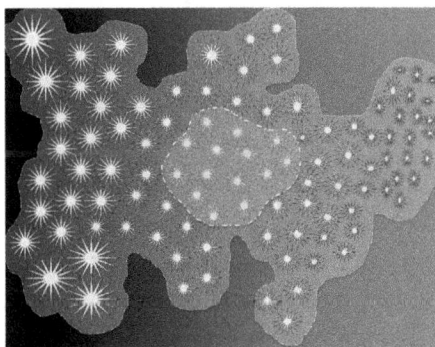

Figura VIII.
Entorno del manto de *fuído primordial*, distribución de sustancia primordial sin asociaciones sobre la que se van distribuyendo las asociaciones.

Cada y todo "punto" o entorno infinitesimal del manto universal tiene una distribución de sustancia primordial y sus asociaciones, las *unidades de carga primordial*, que son unidades de pulsación.

Hay un gradiente de magnitudes de asociaciones ("solecitos") de izquierda a derecha; luego, hay un *campo de fuerza* de izquierda a derecha. Ver texto. La pulsación neta en un entorno como el indicado es nula. Ver texto.

Del reconocimiento de las propiedades de la sustancia primordial, la estructura de sus asociaciones, y su distribución particular que conforma el manto de *fluído primordial,* depende, a su vez, el reconocimiento del campo de *fuerza primordial* que da lugar a los *campos gravitacional y cuántico.*

La distribución de sustancia primordial que conforma el *fluído primordial* es modulada (reajustada) y excitada a redistribuirse permanente, incesantemente, por la reacción de la sustancia primordial en la periferia de la Unidad Existencial, en la superficie energética límite[d] (hipersuperficie) $Z_{LÍM}$.

Esta reacción debe ser explorada y entendida para resolver adecuadamente la relación de nuestro universo con la Unidad Existencial y el evento Big Bang desde el que se originó.

La fuerza de cohesión del espacio existencial que mantiene todo junto *("fuerza de atracción universal, galáctica, estelar",* sobre la que se preguntaba la parejita de nuestra Nota de Apertura), se origina en la distribución sin asociaciones de la sustancia primordial, sobre la que se distribuyen las asociaciones en diferentes niveles de asociación que modulan (reajustan) la distribución primordial. La distribución de estas asociaciones se va a evaluar luego por la distribución espacial de la relación *[cantidad de circulación/cantidad de pulsación]* por unidad de volumen del manto de *fluído primordial* o, simplemente, del espacio de existencia. Adelantemos que la materia es una circulación de sustancia primordial alrededor de un centro o núcleo de control de circulación (es lo que es un átomo: <u>un núcleo que controla la circulación de sustancia primordial y partículas primordiales y electrones</u>. Un átomo es una unidad de circulación, una unidad de asociación de sustancia primordial conformando una célula energética; un arreglo que es solo otro nivel de asociación mayor que el de las partículas primordiales, electrones y núcleos. Estructuralmente, salvando la complejidad y magnitud, no hay diferencia entre un átomo y una galaxia como célula energética. Ambos, galaxia y átomo, tienen sus estructuras trinitarias análogas a la de la Unidad Existencial).

Necesitamos visualizar a la Unidad Existencial como un capacitor binario, o como un gran acumulador o batería de *cargas universales*, de cargas de las que las cargas eléctricas se derivan. Esta visualización permite aplicar criterios que ya conocemos en el universo y que son absolutamente análogos a los de la Unidad Existencial de la que proviene todo lo que observamos y experimentamos. Cargas universales, eléctricas y térmicas, son partículas análogas en diferentes sub-espectros de asociaciones de sustancia primordial y cargas (rotaciones, que ya veremos enseguida).

Energéticamente, a nivel absoluto, todo es intercambio de cantidad de rotaciones entre sustancia primordial y sus asociaciones.

Necesitamos visualizar a la Unidad Existencial como un generador de cargas y de pulsación que mueve las cargas primordiales.

ATENCIÓN.

La pulsación existencial estimula ambos, la asociación y la disociación de partículas, dependiendo del entorno del manto energético pulsante y del sub-espectro de su pulsación. Una cosa es el efecto (sobre el manto mismo) de la re-distribución de rotaciones o de cargas primordiales o universales (eléctricas, térmicas) del manto; y otra cosa es el efecto de la pulsación de las unidades de carga del manto sobre las estructuras de asociación inmersas en él.

Necesitamos ver la modulación en el manto de distribución de la sustancia primordial (en el nivel elemental) que introduce la presencia de una partícula, de una asociación de sustancia primordial. <u>Esta modulación es el campo gravitacional local de esa partícula</u>. Al introducir una partícula en el manto de *fluído primordial* se induce un direccionamiento de la distribución de las pulsaciones de las cargas primordiales del *fluído* hacia la partícula inmersa, con un gradiente que depende de la masa, de la cantidad y características de asociación de la partícula inmersa, pero se sigue conservando el gradiente natural del manto de *fluído primordial*, lo que tanto nos confunde luego, en las exploraciones de fenómenos que tienen lugar en estructura de distribución en "capas de cebolla" del manto de *fluído primordial*.

Necesitamos entender la razón por la que un manto de extraordinaria fuerza de cohesión tiene, sin embargo, fricción casi nula para las partículas pequeñas.

Elemento de sustancia primordial.

Deseamos llegar al elemento de sustancia primordial.

¿Es posible llegar a la naturaleza y estructura espacial del elemento existencial absoluto, de volumen casi nulo, absolutamente inalcanzable físicamente excepto por sus efectos?

Precisamente, por sus efectos es que reconoceremos al <u>elemento existencial absoluto</u>, al volumen de una unidad de sustancia primordial, y por el *Principio de las Analogías* y, o *patrones universales*, que de alguna manera reconocemos y luego confirmamos por los comportamientos similares en todos los entornos espaciales y temporales de nuestro universo (el entorno de la Unidad Existencial que alcanzamos desde la Tierra); estos comportamientos similares son inducidos por las *propiedades topológicas* del manto energético debidas a su geometría espacial y la naturaleza de la sustancia que lo establece y define.

Revisitemos las Figuras IV y V.

Las propiedades topológicas del modelo racional, matemático, espacio-tiempo del manto universal se derivan del cierre absoluto del *campo de fuerza primordial* que se origina por la distribución de la sustancia primordial de naturaleza binaria; distribución que desde la periferia del manto de sustancia primordial tiene un gradiente continuo hacia el centro geométrico (Zn), por una parte, y de una re-distribución que converge desde el centro geométrico (Zn) hacia una esfera interna $Z\Phi$ entre la periferia ($Z_{LÍM}$) y el centro geométrico (Zn), por otra parte. La esfera interna $Z\Phi$ es el "centro" energético de un hiperespacio de naturaleza binaria; es la "placa" interna de un capacitor binario, Figura V.

Esta estructura de distribución de sustancia primordial es un patrón universal para todas sus asociaciones.

La configuración general de la Unidad Existencial es la configuración de las células energéticas a todo nivel (átomo, galaxia), de las *unidades de cargas* eléctricas y térmicas en nuestro dominio material, y de las *unidades de carga primordial* a nivel absoluto. La denominación es diferente por los efectos que observamos debido a sus diferentes dimensiones y complejidades (cantidades de componentes), sin embargo, estructuralmente siguen siendo análogas. Un átomo es una *célula energética* que modula el manto de *fluído primordial* con su presencia, formado el campo gravitacional del átomo al que no discriminamos pero obtenemos sus efectos de otra manera; el mismo átomo es una *unidad de carga* cuando variamos la cantidad de rotación de sus elementos por encima de su nivel de equilibrio con respecto al manto en el que está inmerso, y ese exceso queda disponible luego para ser usado o detectado como corriente eléctrica (desplazamiento de electrones) en el sub-espectro electromagnético (ELM), como calor en otro sub-espectro, y como luz en otro.

Lo que nos confunde al explorar energéticamente todos estos fenómenos, y sus efectos, es desconocer cómo se comporta el manto de *fluído primordial* frente a las estructuras inmersas en él, y cómo se descompone en diferentes sub-espectros una liberación de rotación, de carga primordial, de energía, de cada estructura causante de los diferentes sub-espectros observados, detectados y evaluados, y el efecto interno detallado (no evaluado externamente) en las estructuras materiales debido a la pulsación de partículas en el manto en el que se hallan inmersas.

Las *unidades de carga primordial* son el primer nivel de asociación de sustancia primordial.

Demos una primera "mirada" a los elementos de sustancia primordial.

Los elementos de sustancia primordial son esferillas infinitesimales que tienen una extraordinaria cantidad de rotación propia.

Las unidades absolutas son esferillas infinitesimales perfectas.

Frente a la nada absoluta fuera de la Unidad Existencial las esferillas perfectas "ven" fricción infinita (no puede haber transferencia de movimiento hacia la nada); pero una partícula primordial "ve" desde fricción casi nula en el manto en el que se halla inmersa (por la capacidad del manto de re-ajustarse a la presencia de la partícula y sus movimientos), hasta fricción infinita, inmensurablemente alta en el entorno de Zn.

La distribución de esferillas dentro de la Unidad Existencial es absolutamente continua. No puede haber un punto sin contacto entre ellas.

Un manto de esferillas perfectas inmersas se distribuye por sus hiperrotaciones; la hiperrotación es una rotación simultánea sobre tres ejes normales entre sí que se cortan en el centro de hiperrotación.

Las rotaciones individuales de la unidad de hiperrotación tienen un orden de magnitud de infinidad diferente en cada punto de la Unidad Existencial.

En "cámara lenta" una unidad o partícula primordial que rota se vería dando "tumbos", cambiando de posición su eje de rotación preferencial; esto se debe a la continua, incesante disociaciones y re-asociaciones de partículas en todo el manto y cuyos efectos se transfieren por todo su volumen. Ya veremos la fuente de estas disociaciones y sus re-asociaciones.

La distribución espacial desde la periferia $Z_{LÍM}$ del manto de sustancia primordial genera una hiperesfera, es decir, una

---

esfera llena de energía, de unidades de rotación.

La configuración espacial a nivel primordial es una distribución de cantidades de hiperrotaciones solamente, pues la masa de cada unidad es la misma, es un elemento de sustancia primordial, es la *unidad de masa absoluta* a nivel primordial.

La distribución de frecuencias de hiperrotación de las unidades genera la fricción entre los entornos de diferente hiperrotación.

Esta distribución de hiperrotación tiene gradientes; a la distribución de estos gradientes se le reconoce como distribución de *fuerzas naturales*.

La fricción entre esferillas tiene un gradiente hacia el interior de la Unidad Existencial que fuerza la asociación de las esferillas.

La fricción induce la re-orientación de los ejes de rotaciones individuales, y eso genera una modulación del entorno inmediato del manto energético en el que se encuentra inmersa la esferilla, modulación que se ve como pulsación.

La reorientación espacial de los ejes de rotación conduce a la puesta en fase de las pulsaciones de diferentes unidades de hiperrotación.

Esa puesta en fase puede ser,

lineal, conformando las *hebras energéticas*; o

cerrada, formando las *unidades de circulación*, células energéticas.

Regresemos al manto de *fluído primordial*.

El manto de *fluído primordial* es un manto de esferillas binarias, de elementos de masa infinitesimal y una colosal, inmensurable cantidad de rotación.

Si tenemos mil bolitas, la masa absoluta de cada bolita es 1/1000;

luego, en la Unidad Existencial la masa infinitesimal de cada esferilla es UNO ABSOLUTO dividido por la cantidad de elementos de sustancia primordial (cantidad que es inmensurable, infinita); masa que se expresa matemáticamente por la expresión,

$[1/\infty]$,

(UNO ABSOLUTO/cantidad de esferillas que hay en toda la U-nidad Existencial).

La *unidad de carga primordial* tiene masa $[1/\infty]$, y una cantidad de rotaciones infinita (finita realmente, pero colosal, inmensurable); la unidad binaria de *carga primordial* es,

$[(1/\infty); (\infty)]$,

donde el primer término es la masa y el segundo es la cantidad de rotación que tiene, que se mide como frecuencia de rotación.

Cuando la unidad de carga binaria intercambia energía, o carga, aumenta la masa [desde $(1/\infty)$] y decrece la cantidad de rotación [desde (∞)]; cosa que ocurre por "saltos", en niveles discretos, no continuo en nuestro dominio (<u>debido a la asociación de unidades</u>), pero es un intercambio continuo en el *fluído primordial* (que no tiene asociaciones de elementos).

Notemos que la masa relativa (el efecto sobre otras) de la unidad de carga cambia con su cantidad de rotación.

En el primer nivel de asociación de la sustancia primordial se forman las *unidades de cargas primordiales*, que son arreglos sobre un núcleo que pulsa a una frecuencia fantástica en todas direcciones radiales, en tres dimensiones de frecuencias diferentes para cada dirección que dependen del punto dentro de la Unidad Existencial en el que se hallen presentes.

<u>**La rotación preferencial, de mayor dimensión de infinidad, genera el plano ecuatorial del elemento de hiperrotación, de la unidad de carga o partícula primordial.**</u>

En este momento no podemos tratar en detalles a esta distribución dentro de la Unidad Existencial, pero sí podemos adelantar algunas cosas que necesitaremos luego.

Un manto de unidades de carga primordial, de <u>unidades pulsantes en todas direcciones radiales</u>, ofrece una <u>fricción neta casi nula en toda y cualquier dirección espacial</u> para cualquier y toda partícula de dimensiones primordiales que está inmersa en ese manto; es lo que permite transferir todo cambio primordial prácticamente sin fricción a velocidades

fantásticas (mayor que la luz) en entornos o hebras sin asociaciones.

Recordemos la interacción de la parejita en la Nota de Apertura: *"¿Por qué vacío en el espacio exterior (no hay presión, no hay
fricción apreciable), sin embargo hay una fuerza de gravedad que
mantiene todo unido?"*

**En el manto de *fluído primordial* la fricción es virtualmente
nula para las partículas primordiales; las señales de comunicaciones alcanzan distancias fantásticas. En cambio, la fricción crece con la masa de las estructuras materiales inmersas en el manto porque hay una re-distribución de las pulsaciones y rotaciones de *fluído energético* hacia la estructura
material, lo que hace que la estructura se "adhiera" al manto
de *fluído primordial*. Por eso los cuerpos celestes, planetas,
estrellas, galaxias, siguen el movimiento del manto energético, del *fluído primordial*.**

No obstante, en el manto de *fluído primordial* hay una componente de distribución de rotaciones con un gradiente radial hacia
el centro del manto de *fluído primordial*, hacia el centro de la Unidad Existencial. Esa distribución es el *campo de gravedad primordial*.

**El *campo de gravedad primordial* está sobre la distribu-
ción del *fluído primordial* que conforma la componente "portadora" de los *campos de fuerzas*, la distribución exponencial
fundamental, la componente constante absoluta sobre la que
se modulan todas las versiones en todos los entornos locales y temporales de la Unidad Existencial.**

Sustancia Primordial.

**Revisitación más formal para llegar a visualizar mejor al *fluí-
do primordial* y sus propiedades.**

La presencia del *fluído primordial* está implícitamente reco-

nocida en los *campos de fuerzas* del modelo matemático espacio-tiempo de nuestro universo.

Los *campos de fuerzas primordiales* son los campos, entornos espaciales, con pendientes de variaciones o gradientes de rotación y, o pulsación de la distribución de sustancia primordial y sus asociaciones primordiales. Si hay un cambio de densidad de pulsaciones entre dos puntos (A) y (B) del espacio, del manto primordial, hay una fuerza presente entre (A) y (B). Ese cambio de pulsación inducirá el desplazamiento de toda partícula que pase por allí, de acuerdo a la pulsación de ella con respecto a la del manto.

El aspecto más importante a destacar en esta parte, y una vez más, es que la **energía no es la "materia prima"** como muchos creen y dicen "todo es pura energía", sino que energía es una propiedad, una capacidad de la sustancia primordial y sus asociaciones, y que debemos acostumbrarnos a emplear como unidad energética a la unidad de carga primordial, a la unidad binaria que tiene masa, siempre (aunque sea despreciable e indetectable en nuestro entorno), y tiene cantidad de rotación (carga), y que una vez inmersa en el manto energético, en el *fluído primordial*, define un entorno de pulsación. Por eso en la Figura VIII hemos representado a cada "punto" del manto por una unidad pulsante, un "solcito", un sol infinitesimal.

El elemento absoluto es una esferilla o bolita infinitesimal; es una unidad binaria que tiene capacidad de generar, inducir, tomar y ceder, intercambiar movimiento, siendo el movimiento primordial la rotación. Luego, el elemento absoluto es una *unidad de carga primordial*; tiene un volumen infinitesimal casi nulo de masa casi nula de sustancia primordial, y una rotación inherente infinita, inmensurable, realmente finita pero tan elevada que es absolutamente inmensurable por nuestros medios. Sólo se detectan sus efectos, por integración, por suma en el tiempo de los efectos de ese intercambio de rotación.

¿Es verdad este reconocimiento de la *unidad de carga primordial*?

Se verifica en ambos *campos* actuales, en el *cuántico* y en el de *gravitación universal*, cuando se considera que la presencia de una nuclearización universal, ya sea una partícula pequeña o una galaxia, estrella o planeta, modula (es decir, re-ajusta o re-distribuye) el *campo gravitacional* primordial. La única diferencia entre los campos es que por las magnitudes relativas entre campo y partícula o nuclearización universal uno responde preferencialmente a la carga, a la cantidad de rotación, y el otro a la masa, siendo <u>masa</u> y <u>carga</u> (las cantidades y características de asociaciones, y de rotación, respectivamente) los dos componentes de la unidad binaria *carga uni*versal. Estos entornos de interacciones (*cuántico y gravitacional*) del mismo *campo primordial* son diferentes.

La bolita energética, la esferilla de sustancia primordial, y sus asociaciones primordiales, son unidades binarias [masa-cantidad de rotación]; son unidades de carga.

Así como el elemento de un espacio geométrico es el punto, el elemento del espacio energético (o del hiperespacio) es la unidad de carga.

Frente a la inmensidad del manto energético de *fluído primordial*, la masa de la partícula o de la nuclearización universal es lo que predomina para modularlo como *campo gravitatorio* alrededor de la partícula o de la nuclearización universal, como *re-direccionamiento de los ejes de rotación de los componentes del manto*, mientras que la modulación individual de la rotación y la pulsación de los infinitos componentes del manto no se aprecian, precisamente por su número; pero en los entornos de las partículas minúsculas casi sin masa, lo que cuenta es la rapidez de rotación de los componentes similares, también casi sin masa, del manto de *fluído primordial*.

¿Qué genera la rotación de la unidad de *carga primordial*?

Es inherente.

¿Qué la mantiene siempre en un valor variable pero nunca nulo?

Se revisa en el *Modelo Mecánico Racional de "Instalación Inicial" y Re-Creación del Hiperespacio de Existencia* que por su extensión no podemos cubrir aquí, pero básicamente se debe a la actividad del fluído primordial en la periferia de existencia, en $Z_{LÍM}$, y la distribución de esa actividad (incremento de rotación) hacia el interior de la Unidad Existencial donde ese incremento se cambia por masa (asociación), lo que causa el colapso de asociaciones en otro entorno que libera unidades de carga que van hacia la periferia. En otras palabras, la *Unidad Existencial es el Sistema Armónico Primordial*; es la unidad de resonancia primordial.

¿Cómo se conserva el valor medio de carga de las unidades de carga primordiales a pesar de que varía continua, incesantemente, y dependiendo del entorno de interacción en el que se halle lo hace entre entre dos límites absolutos?

Hay una distribución constante, inmutable, a nivel absoluto de distribución de sustancia primordial, sobre la que se modulan los estados límites de los que la distribución inmutable es el valor medio.

El *Modelo Mecánico* explica también el mecanismo de integración de cantidad de rotaciones por los elementos de sustancia primordial en Z_n, en el núcleo de la Unidad Existencial y su desplazamiento hacia afuera de él, hacia el entorno de convergencia; y el mecanismo de asociaciones para formar las partículas primordiales sobre el hiperanillo de convergencia $h\Phi$, y las de éstas para formar la materia por la puesta en fase de sus rotaciones y pulsaciones. Por el mismo mecanismo una asociación de partículas toma o cede carga frente a un ambiente energético cuyas re-distribuciones convergen hacia, o divergen desde la asociación.

Masa, o densidad, en el manto de *fluído primordial.*

Todo está hecho de asociación de sustancia primordial.
Todo está hecho de unidades de carga.

Veamos algo con respecto al componente de masa de las unidades binarias (de los "puntos") del hiperespacio de existencia.

Desde las partículas primordiales todo tiene masa, cantidad de asociación de sustancia primordial. Pero la masa que observamos o detectamos contiene también la *masa aparente* dada por la cantidad de carga, de rotación, que contengan los elementos que se asocian para formar las partículas a todo y cualquier nivel.

Aunque estemos explorando mentalmente entornos infinitesimales de la Unidad Existencial o del universo, el considerar partículas sin masa[(e)] no tiene sentido pues la energía es una capacidad de tomar o ceder movimiento, y lo que toma o cede movimiento es "algo" real; cualquiera que sea el nivel de asociación que tenga ese "algo", su capacidad de tomar o ceder movimiento, desde o hacia el manto energético o manto de *fluído primordial,* se debe a la cantidad de sustancia primordial, a ese "algo".

No hay cambio de energía a masa (a menos que energía sea cantidad de movimiento, además de *capacidad de producir movimiento*), sino que la partícula, la unidad de carga o la asociación material ceden cargas o cantidades de rotaciones, en tanto que otras entidades la toman, y en consecuencia se disocian o asocian componentes. Una transferencia de energía es un *cambio de capacidades* de producir efectos en diferentes sub-espectros de asociaciones y, o frecuencias de sus rotaciones y pulsaciones.

La correspondencia energía-masa es correcta en el sentido de que el movimiento del manto se asocia como masa, es decir, que componentes de sustancia del manto (a los que no les detectamos como entidades con masa sino como unidades de movimiento) se asocian como masa (incremento de masa realmente) en una entidad propia con respecto al manto; y vice-versa, que la disociación de parte de la masa de la asociación o arreglo material inmerso en el manto se incorpora al manto, que se ve como movimiento en las otras entidades que se hallan inmersas en el manto. Siempre hay una alguna asociación y disociación de sustancia primordial o de algún nivel de sus asociaciones en las partículas y en la materia, y de adquisición o cesión de carga, de rotación, de *masa aparente*. Cuando la materia cede energía o carga y no masa, no sustancia primordial asociada, es cuando libera cantidad de movimiento, cantidad de rotación de los elementos internos; libera lo que constituye la *masa aparente disponible*, la que es directamente relacionable entre energía y masa como se hace ahora, excepto que es relación con la *masa aparente disponible*.

La *masa disponible* es la cantidad de asociación o *cantidad de circulación disponible* para intercambiar.

¿Analogía de un cuerpo con asociación, con masa, y cantidad de carga, de rotación interna disponible?

Pues... todo lo que existe, todo lo que es.

Veamos algo para reflexionar.

Antes, una NOTA.

La asociación de toda estructura material incluye la *atmósfera de inserción*, la modulación del entorno del manto energético en el que se halla presente la estructura material, cosa que usualmente nosotros no tomamos en cuenta como parte de la masa de la estructura.

El metal tiene masa dada por la sustancia primordial de los núcleos de los átomos y de todo lo que hay dentro del volumen contenido por la superficie del metal.

Consideramos a esta masa constante; es la "masa primordial". Es cierto, pero no es lo que vamos a observar ni ponderar jamás.

Los átomos y los electrones orbitando y, o circulando por el volumen del metal, tienen cantidad de movimiento disponible, para tomar o ceder. La cantidad de movimiento que se toma o cede cambia la *masa aparente* del metal, cambia su densidad, pues al variar la temperatura del manto cambia el estado de movimiento interno del metal y eso cambia su volumen. La *masa aparente* es la cantidad de circulación que define al material, que puede ser variada, intercambiada. La circulación que define al material ofrece fricción al manto y esa fricción tiene dos componentes: uno de ellos es la inercia, la re-distribución interna, y el otro es la de la atmósfera de inserción, externa. La *masa aparente* depende del estado de movimiento del material. La componente de circulación que tiene el manto "arrastra" a la partícula material inmersa en el manto, en la dirección de circulación presente en el manto. Es lo que ocurre con todas las partículas orbitales alrededor de un núcleo que rota y pulsa (núcleo de átomo o del Sol): la circulación del manto "arrastra" a la partícula presente en él.

La *masa aparente* es, entonces, la suma de la asociación de sustancia primordial (la cantidad de sustancia es la masa absoluta) y la *circulación*[^(f)], la puesta en fase cerrada de rotaciones y pulsaciones que definen la característica de la asociación y cuyo efecto y sus cambios detectamos de varias maneras, a través de la modulación del entorno del manto en el que se encuentra la asociación.

Resumen de lo visto acerca del "océano" primordial de la Unidad Existencial.

Por lo antes dicho,

El *fluído primordial* es una distribución de *cargas primordiales;* de *cargas universales* cuando nos referimos al manto de fluído en nuestro universo, teniendo en cuenta además que nuestro universo está inmerso en un manto de *cargas primordiales*.

Toda distribución de cargas (primordiales, universales, eléctricas) que tiene un gradiente (inducido desde la periferia $Z_{LÍM}$) genera fuerzas;

luego,

el *fluído primordial* tiene una distribución que establece y define el campo de fuerza primordial, la *fuerza de gravitación primordial* (que no es la fuerza de gravitación de nuestro universo).

La fuerza de gravitación de nuestro universo es una modulación de la primordial, ya lo veremos, y los demás campos de fuerzas son cambios locales del campo universal que está "montado" o modulado sobre el campo primordial, que también veremos.

Los *campos de fuerzas* son modelaciones racionales que tienen en cuenta las distribuciones espaciales y sus variaciones temporales del *fluído primordial* cuyos gradientes son los que se modelan como *fuerzas*.

Todo lo que se transfiere en el espacio energético es un cambio en el *fluído primordial*, por lo tanto, es un cambio en la distribución de la sustancia primordial que lo compone y en la *cantidad de carga primordial (o universal)* inherente a la sustancia.

Las interacciones entre las unidades de carga primordiales y el manto de *fluído primordial* en el que ellas se hallan van a verse como <u>unidades de pulsación</u> del entorno en el que ocurre esa interacción.

De este modo, ahora la unidad del hiperespacio energético es la *unidad de carga universal* que tiene <u>*masa*</u> (dada por la cantidad de asociación de sustancia primordial) y *pulsación*, que tiene dos componentes: el cambio de masa aparente (de la estructura de circulación, de las orbitaciones) que determina la <u>longitud de onda</u> de la pulsación, y la <u>frecuencia</u> de pulsación.

Entonces, tenemos las *unidades de carga primordiales* de las que se derivan en nuestro entorno las *unidades de carga universales* o unidades de energía, indistintamente.

***Unidades de energía* son las unidades binarias del espacio energético de naturaleza binaria que tienen <u>masa</u> y <u>pulsación</u> (variación de masa dada por la longitud de onda, y frecuencia).**

Obviamente hay un nivel en el que no vamos a detectar masa sino pulsación, en longitudes de onda y frecuencias del manto, pues <u>el manto es nuestra referencia de densidad energética</u> y por lo tanto no tiene masa para nosotros sino que detectamos lo que se transfiere por él, por sus cambios dados por la pulsación en longitud de onda y frecuencia.

La Unidad Existencial tiene un contenido de movimiento que determina la _capacidad que llamamos energía_, y cuyas transferencias o intercambios locales internos _cuantificamos_ como _energía_ por sus efectos en relación al efecto de un intercambio de referencia.

El _campo primordial_, el manto de _fluído primordial_, es ahora una distribución continua de _cargas primordiales_ que tienen contacto permanente pero se re-distribuyen continuamente sus rotaciones sobre cada eje, de acuerdo a una modulación por trenes de ondas.

La distribución fundamental tiene un _gradiente de asociación_ (un cambio de asociación por unidad de espacio) que determina el _campo de fuerza gravitacional primordial_, y sobre este campo, o distribución portadora, se transfieren los trenes de ondas que determinan el comportamiento en los entornos locales temporales.

¡Lo extraordinario es que veremos, más adelante, cómo se generan los trenes de ondas en una Unidad Existencial absolutamente cerrada!

(a)

Fluído es una sustancia que no tiene forma propia, que fluye fácil, continuamente, frente a la aplicación de una presión. Ver Nota al final de sección III.

(b)

Fuerza primordial es la excitación al movimiento inducida por la diferencia de densidades de rotaciones entre puntos del _fluído primordial_. En un río las aguas fluyen del punto más alto al más bajo, del punto de mayor densidad de rotación del manto atmósferico (de mayor energía potencial) al de menor densidad de rotación del manto sobre la superficie de la Tierra (menor energía potencial). El agua corre estimulada por la diferencia de densidad de rotaciones en la atmósfera. Pero en el mar, como vimos antes, donde no hay diferencia de energía potencial, el flujo de agua es por la diferencia de temperatura o salinidad del agua.

(c)

No solo para formular la Teoría de Todo sino para establecer el *Modelo Cosmológico Consolidado Científico-Teológico* que permite ver la estructura de la Unidad Existencial, de Dios, la Trinidad Primordial que la Teología Cristiana reconoce como *Padre, Hijo y Espíritu Santo*.

(d)

Esfera geométrica es el lugar geométrico de los puntos de igual distancia r (radio) a otro de referencia, el centro [0].

Hiperesfera es el lugar geométrico de los puntos de igual densidad energética con respecto a otro de referencia, el centro o núcleo energético [Zn].

(e)

Podemos considerar masa diferencial nula, pero la masa relativa al manto de *fluído primordial* de toda asociación de sustancia primordial, de toda partícula primordial, es siempre real aunque no se pueda discriminar sino por efectos de la cantidad de rotación, parte de la cual, al fin y al cabo, es *masa aparente*, parte de la masa disponible que se intercambia con el manto o con otras asociaciones de sustancia primordial.

(f)

El átomo, el sistema solar, la galaxia, son *unidades de circulación*; son núcleos de re-distribuciones de rotaciones que generas las circulaciones, las orbitaciones por sus modulaciones del manto energético en el entorno de los núcleos. En la materia las circulaciones de los átomos se ponen en fase, se ponen en armonía, generando la asociación material.

XVI

Materia y Energía

Partículas Gravitacionales

Figura IX.
Árbol, sistema de intercambio de energía.

El propósito de esta sección es enfatizar que en todo proceso energético siempre hay un intercambio de masa, y familiarizarnos con el empleo del concepto de unidades de cargas, de rotaciones y sus cambios cíclicos: la <u>pulsación</u> y sus dos componentes, la <u>frecuencia de pulsación</u> y la <u>longitud de onda</u> (la magnitud de la oscilación de rotación). La rotación varía entre dos estados (de contracción y expansión) y eso genera una onda con una longitud de onda en el manto energético correspondiente a la magnitud de oscilación entre contracción y expansión de la estructura de rotación.

"No hay nada inmaterial (insustancial)".

Energía no es "materia prima" sino una <u>propiedad inherente</u> de la "materia prima", de la sustancia primordial y sus asociaciones; y es una <u>variable dependiente</u> por la que se evalúan los intercambios de cargas, de rotaciones, en los sistemas de interacciones energéticas. Como variable dependiente, <u>energía es la cantidad de carga</u> (rotación de todas las partículas) puesta en juego en una interacción entre estructuras energéticas de un sistema de intercambio; <u>es la cantidad de movimiento primordial</u> de la sustancia primordial y sus asociaciones, las partículas primordiales y la materia. La asociación que conduce a las partículas primordiales y la materia es por la puesta en fase del movimiento primordial, la rotación, por un mecanismo a nuestro alcance racional que se describe en el *Modelo Mecánico Racional de "Instalación Inicial" y Re-Creación del Hiperespacio de Existencia*. Ver en la sección XI la nota (b) de la página 74.

Energía es la capacidad inherente a la sustancia primordial, las partículas primordiales y sus asociaciones, la materia, de tomar o ceder movimiento primordial (rotación o *carga primordial*).

En todo proceso energético siempre hay asociaciones y disociaciones de sustancia primordial en algún nivel, y alguna cesión o toma de carga, de cantidades de rotaciones.

Todo proceso energético, todo proceso de intercambio de movimientos, es estimulado por otro movimiento; por la convergencia de cambios en el punto de aplicación de la fuerza, en la dirección de movimiento observado o deseado.

Los cambios son cambios de rotaciones, de sus frecuencias, o de pulsaciones, de sus frecuencias y longitudes de onda (magnitudes de la pulsación, del cambio repetitivo).

Las fuentes de energía son fuentes de fuerzas, de gradientes de densidades de cargas o pulsación en la dirección de movimiento observado o deseado; o de expansiones o contracciones en la dirección deseada (como los motores de combustión interna en el que la expansión que tiene lugar en el cilindro es para convertir esa expansión en una rotación).

Un flujo de cambio de rotaciones o de cargas en el manto energético da lugar a un cambio de pulsación en la estructura material inmersa en él, y viceversa: un estado de pulsación continua de la estructura material da lugar a un flujo de cambio de rotaciones o de cargas en el manto. Por ejemplo, un flujo de *cargas térmicas*, de cambios de rotaciones cuyos efectos se observan y ponderan en el sub-espectro infrarrojo, genera pulsaciones en el material que eventualmente cambia de color y emite luz. Una fuente de *cargas eléctricas*, de cargas en el sub-espectro electromagnético (ELM), da lugar a un flujo de cargas, la corriente eléctrica, que en realidad es un flujo de cambio de cargas que actúa sobre un resistor, inductor o capacitor, o en una combinación de ellos; si es flujo de cambio de cargas en una lámpara, este cambio se convierte en una pulsación a la frecuencia visible, luz, y en otra pulsación en el sub-espectro térmico que genera lo que experimentamos y definimos como calor.

Cuando se emplea una fuente de potencial constante, continua, en realidad ese potencial "constante" es la suma de infinitas componentes de frecuencia, tal como se describe por la herramienta racional *Transformada de Fourier*.

En realidad no hay transformación de energía de un tipo a otro, sino asociaciones o disociaciones de sustancia primordial en un nivel u otro, que se manifiestan en el manto energético, o en un detector, en un sub-espectro u otro de frecuencias o de longitudes de ondas por el que se detectan los efectos del flujo de cambio de cargas.

Lo único que se intercambia, siempre, es carga, es cantidad de rotación, entre diferentes asociaciones de sustancia primordial.

Por ejemplo, se habla de convertir fotones o energía de luz en materia por fotosíntesis, pero en realidad lo que se hace es cambiar el contenido de cargas (rotaciones) de las células del vegetal por la variación de cargas de las partículas de la atmósfera cuando son excitadas por la actividad solar a frecuencias visibles, que es muy diferente a decir que se convierte luz o fotones en materia. No se convierte directamente energía en materia o viceversa, sino que se integra (o disocia) en la materia del vegetal la carga, rotación o pulsación que cede (o toma) otro material, las partículas de la atmósfera: la pulsación en el sub-espectro de frecuencia visible. Al cambiar el estado de pulsación en el vegetal por la excitación desde la atmósfera, a su vez excitadas por la luz solar, entonces ciertos componentes internos y los que provienen de la tierra por medio del fluído vegetal (savia) alcanzan el nivel necesario para ponerse en fase con otras pulsaciones y así se estimulan las asociaciones internas (o las disociaciones).

Las asociaciones de vida tienen lugar en el entorno de frecuencias y longitudes de onda alrededor del sub-espectro visible.

Una roca es una asociación de átomos de silicio y otros elementos en menor cuantía. Los átomos son asociaciones de partículas primordiales, y las partículas primordiales se consideran ser asociaciones de energía, de unidades de carga (cuya masa es infinitesimal, es UNO primordial, pero sus asociaciones determinan la masa final). Luego, una roca es una asociación de energía en diferentes estados de asociación y de disponibilidad de energía. La disponibilidad de energía de una asociación material depende del entorno existencial en el que se encuentre presente, y de qué tanto fuera del estado de reposo energético esté la materia con respecto al entorno en el que se halla. Una roca no tiene ninguna energía disponible sino hasta que varíe su estado de reposo con respecto a la superficie en la que se encuentra (la superficie de la Tierra), o hasta que se la caliente o enfríe con respecto al ambiente, a la atmósfera en la que se halla. Es decir, la energía disponible de la materia es la cantidad extra de rotación de sus elementos que se le haya suministrado por algún medio y por la que la energía total (la carga total) contenida por la materia sea diferente de la que la mantiene en estado energético de reposo natural en el entorno en el que se encuentra.

La pulsación primordial es la estimulación del proceso existencial.

No puede haber un proceso existencial eterno sin una pulsación primordial eterna.

La pulsación eterna es inherente al manto de sustancia primordial de naturaleza binaria. Ver la sección Pulsación de la Unidad Existencial.

Esta pulsación eterna es, energéticamente, el espíritu de vida, la energía de vida.

La pulsación existencial excita todas las estructuras de vida para mantener el intercambio energético e informacional inteligente que se transfiere a todas las unidades de la estructura de interacciones por las que se sustenta la consciencia de sí mismo del proceso existencial.

Puesto que masa y energía son los dos componentes de la unidad existencial de naturaleza binaria (considerando energía como cantidad de carga) la relación entre masa y energía es inversa, lo que es dado desde la expresión,

$E = (½) m.v^2$,

luego,

$½ = (1/v^2).E/m$

No vamos a cuestionar el alcance real de esta expresión ahora. Sólo no interesa destacar la relación inversa entre masa y energía (cantidad de carga, cantidad de rotación) como componentes de una unidad binaria. La unidad binaria dada por la constante (½) depende del cuadrado de una velocidad. Ésta es la manera en que debería considerarse esta relación, obviamente relativa, la que nos dice que una unidad binaria dada, en este caso (½), será vista como tal dependiendo de la rapidez a la que ocurre el intercambio entre masa y cantidad de rotación (E/m).

Las unidades de cargas primordiales son *partículas gravitacionales*.

La distribución de estas partículas es la distribución del *fluído primordial*; es la distribución que genera el *campo gravitacional primordial*; es la distribución portadora del proceso existencial; es la "manta" sobre la que se "tejen" todas las distribuciones dentro de la Unidad Existencial. Esta manta vibra o pulsa (por la pulsación que se genera en $Z_{LÍM}$) y todo lo que se halle en la manta vibra, pulsa, vive. Esta manta es la red espacio-tiempo en nuestro universo.

El extraordinario colosal volumen de cargas primordiales cuya distribución tiene siempre, eternamente, una pendiente o un gradiente de rotación, una fuerza hacia el centro de la Unidad Existencial (a causa de la fricción absolutamente infinita fuera de la Unidad Existencial, fuera de $Z_{LÍM}$), es lo que mantiene todo cohesionado como una sola entidad sobre el manto de *fluído primordial*.

La no-existencia fuera del hiperespacio de existencia es lo que mantiene toda la energía, toda la cantidad de rotaciones absolutamente constante, aunque se re-distribuye incesante, permanente, eternamente, bajo un patrón que establece y define a la Forma de Vida Primordial.

XVII

Temperatura

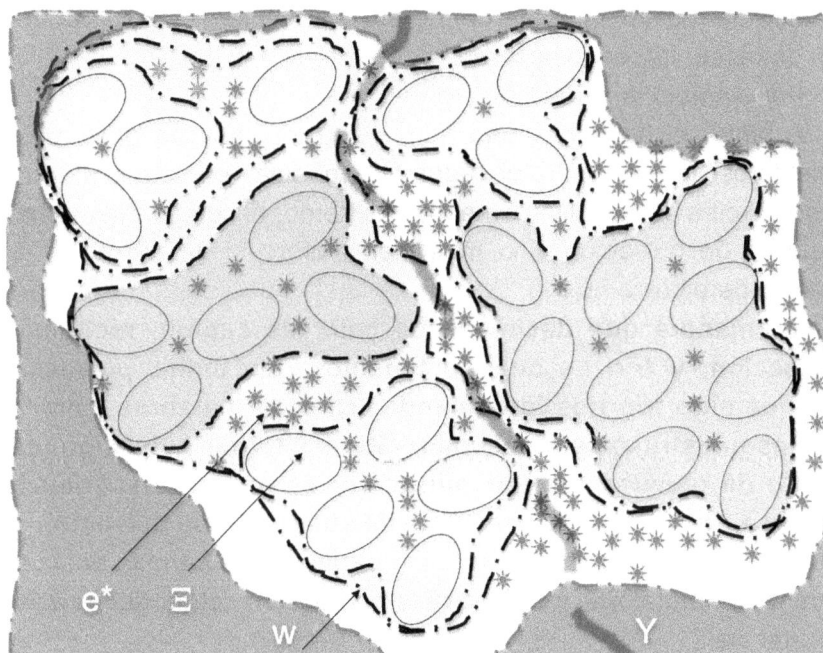

Figura X.
Las dimensiones de los cristales y su separación tienen que ver con los electrones libres entre los cristales y dentro de ellos, o del estado de rotación (de la cantidad de rotaciones) de los elementos constituyentes de los cristales y sus espacios entre ellos. Donde hayan más electrones libres eventualmente se romperá la asociación, por ejemplo, a lo largo de la línea [Y-Y]. Ver texto.

Naturaleza de la temperatura.

Temperatura de un objeto es una medida de la energía interna del objeto; es una medida del estado energético del objeto (frío o caliente) con respecto a un estado de referencia.

Vamos a visualizar temperatura de otra manera.

Por experiencia sabemos que un objeto caliente tiene un gran estado de movimiento interno, de pulsación interna, mientras que en un objeto frío es lo contrario.

Por ejemplo, el agua.

A hervir el agua hay una gran pulsación, hay un gran movimiento oscilatorio dentro del agua que modula, reajusta el entorno y se percibe como calor. En el otro extremo, al congelarse no hay emisión de pulsación sino más bien absorción de pulsación, lo que se percibe como frío.

De manera que decimos que calor es cuando recibimos pulsación, y frío es cuando tenemos que emitir pulsación porque algo frío nos la demanda. En otras palabras, calor o frío es nuestra experiencia de recibir e integrar pulsación (calor) o de generar y emitir pulsación; es nuestra experiencia frente a una fuente de emisión o de absorción de pulsación

Esta manera de visualizar la temperatura nos permite acercarnos a su naturaleza, y cambiará la percepción actual del proceso existencial.

Temperatura es medición del estado de pulsación interna del objeto observado con respecto a un estado de referencia, y la dirección del gradiente de pulsación determina lo que se define como *calor* (recibimos pulsación) o *frío* (emitimos pulsación). Calor es también definida y medida como cantidad de energía térmica intercambiada.

Temperatura es la medición de la <u>relación de circulación a rotación</u> dentro del objeto, y esta relación siempre está en estado natural cuando se rige por la relación que tiene el manto energético en el que se halla presente.

Cuando manto energético y objeto están en equilibrio, a toda y cualquier pulsación que emita el manto, el objeto reacciona con o- tra igual y opuesta... ¿que se cancelan? No. Ambas se intercep- tan, interactúan y se hacen parte de la estructura de circulación del objeto (pues el manto tiene mayor dimensión energética que el objeto, luego el manto siempre obliga al objeto inmerso en él a seguirle, a "obedecerle"). Se modifica el estado de circulación in- terna del objeto, y esta modificación es lo que se ve como cambio de volumen del objeto. Con mayor detalle, lo que se expande es la hipersuperficie de convergencia, la superficie energética que contiene a la asociación que define al material, al objeto. Esta su- perficie, que llamamos Z_1 en los materiales (en vez de $Z\Phi$ como en la Unidad Existencial), es la circulación resultante de todas las circulaciones y rotaciones internas.

Veamos la Figura X.

Dentro del material tenemos las asociaciones que conforman los entornos o *unidades de circulación*, de orbitaciones, los áto- mos, moléculas, células energéticas en general, y los entornos con electrones libres, que son *unidades de rotación*. Las unidades de rotación están constantemente cambiando la posición de sus ejes de rotación como parte del proceso que mantiene la asocia- ción que define, precisamente, al objeto. Si algo altera este equili- brio, si hay un cambio de la *relación de circulación a rotación* en el manto, o sea, un cambio de temperatura en el manto (causado por algún cambio en otra parte), los que detectan rápidamente los cambios en el material son las unidades de rotación que transfie- ren sus cambios a las unidades de circulaciones, las que toman o ceden electrones a los entornos de electrones libres, o éstos cam- bian sus pulsaciones, sus rapideces de cambio de posición de sus ejes; todo lo cual ocasiona re-distribuciones dentro del objeto que se ven como pulsaciones sobre la superficie del material, so- bre su estructura de circulación. Cuando todo ha sido reajustado, todo queda en reposo frente a la nueva temperatura del manto, pero con una *nueva relación de circulación a rotación* dentro del objeto observado. (Estar en equilibrio el objeto con el manto significa que el objeto evoluciona a la rapidez del manto).

Por lo tanto,

Temperatura es una medición de la _relación de circulación a rotación_ de la estructura de asociación que define al objeto, al material.

Llamamos a esta relación [Ξ/e^*], donde Ξ simboliza la cantidad de circulación, y e^* la cantidad de unidades de rotación no asociadas pero parte de la asociación a través de las posiciones de sus ejes de rotaciones (que es el magnetismo).

Resulta claramente visible en la Figura X que si se incrementa la cantidad de rotaciones (e^*) dentro del objeto, las unidades de circulaciones Ξ pueden verse obligadas a ceder electrones orbitales, con lo que el estado de asociación se debilita hasta desaparecer, cosa que ocurre al licuarse el sólido, o al ebullir el agua, lo que significa que desaparece la vinculación entre moléculas. Lo opuesto ocurre al congelarse el agua, o al enfriarse y solidificarse cualquier material en estado líquido.

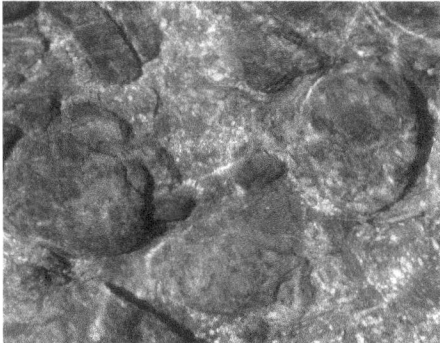

Figura XI(A).
Otra representación de electrones intersticiales (puntos blancos) entre asociaciones de átomos.

Podríamos decir que el estado líquido de una asociación material es cuando la relación de circulación a rotación [Ξ/e*] es igual a uno, y que dependiendo del material y del manto energético, los estados sólido y gaseoso (o vapor) se presentan para ciertos valores mayor o menor que uno, respectivamente, es decir,

[Ξ/e*] > 1 estado sólido;

[Ξ/e*] = 1 estado líquido;

[Ξ/e*] < 1 estado gaseoso.

Para el agua, el valor 1 de esta relación [Ξ/e*] corresponde a la temperatura de 4 grados centígrados para la que ella tiene la mayor densidad, 1; y los valores mayor o menor que 1 de [Ξ/e*] son aquéllos para los que medimos las temperaturas menor o mayor que 4 grados, hacia 0 y 100 grados centígrados respectivamente.

Esta visualización pareciera complicar el aspecto de temperatura por el cambio de unidades, pero no es este cambio lo que interesa sino conceptualmente la relación [Ξ/e*] porque para la Unidad Existencial esta relación es UNO, a la que le corresponde la temperatura absoluta de 0 grado Kelvin, o (-)273.15 grados centígrados o (-)459.67 grados Fahrenheit.

No vamos a profundizar más sobre esta visualización de la naturaleza de la temperatura. Es suficiente para esta presentación. Una extensión es necesaria para explorar la interpretación de la radiación cósmica y su relación con la temperatura absoluta que es parte de las bases en las que se apoya el Modelo Cosmológico Standard (modelo que no permite la Teoría de Todo).

En realidad,

La temperatura ahora considerada como "cero absoluto", 0 grado Kelvin, es la temperatura dada por la relación primordial [Ξ/e*] = 1 en la Unidad Existencial, relación que es absolutamente inmutable cuando se toma sobre toda la hipersuperficie de convergencia energética ZΦ.

Sobre toda la hipersuperficie ZΦ, en cualquier y todo instante del proceso existencial, la integral de todas las re-distribuciones que entran y salen es nula, manteniendo una estructura de circulación permanente con una componente se-

noidal "portadora" cuya frecuencia absolutamente constante define el período de re-distribución de la Unidad Existencial, el período de re-creación de sí misma de la Forma de Vida Primordial en $h\Phi$ [ver Figura III(A)].

Las hipersuperficies de la Unidad Existencial tienen la *relación de circulación a rotación* que se indica a continuación,

$[\Xi/e^*] = 0$ [en realidad es $(1/\infty)$] sobre $Z_{LÍM}$;

$[\Xi/e^*] = 1$ sobre $Z\Phi$;

$[\Xi/e^*] = \infty$ [es finito, pero inmensurablemente elevado] en Zn.

Modulación del manto energético por un cambio de la superficie de circulación de la asociación inmersa en él.

Superposición de campos de fuerzas sobre el campo primordial.

Notemos que ya dijimos que cuando se cambia la temperatura del manto energético en el que se encuentra inmerso el objeto que recibe una pulsación, todo dentro del objeto pulsa y genera un cambio de circulación que equivale a "desplazar" la superficie de circulación del material (se expande o contrae); y cuando ella pulsa, modula o reajusta la distribución de cargas primordiales y universales (eléctricas y térmicas) de todo el manto energético que rodea al objeto.

Esta consideración previa de la modulación del manto por una superficie pulsante es importante para visualizar y entender la modulación espacial por una hipersuperficie energética, cosa que ocurre especialmente con la hipersuperficie $Z_{LÍM}$ periférica límite de la Unidad Existencial. Ver la sección Pulsación.

A otro nivel energético tenemos la modulación por las antenas (superficies radiantes) de nuestros sistemas de comunicaciones en el sub-espectro electromagnético (ELM), la que tiene lugar en el manto energético en el que estamos inmersos.

Un entorno, una fuente de calor (o de frío) emite (o absorbe) pulsaciones en todas direcciones (o en alguna dirección preferencial si es una fuente de nuestra creación) que converge a un entorno con el que tiene una diferencia de la relación $[\Xi/e^*]$. Si hay un objeto entre ambos entornos, además de una re-distribución del manto de *fluído primordial* que genera el *campo gravitacional* de ese objeto, hay una pulsación generada por la diferencia de la relación $[\Xi/e^*]$ que se superpone al campo gravitacional, por lo que ya podemos comenzar a visualizar la superposición de las re-distribuciones energéticas, de las modulaciones sobre el *campo primordial*.

Hebras energéticas del manto de fluído primordial.

Figura XI(B).
Representación artística de las oscilaciones que se generan en la hipersuperficie $Z_{LíM}$ periférica límite de la Unidad Existencial. Por la asociación de rotación y pulsación, por posicionamiento de los ejes de rotación y la pulsación en fase, se forman las hebras energéticas del hiperespacio de existencia, del manto de fluído primordial.

XVIII

Potencial Universal

Descripción Matemática de la Eternidad

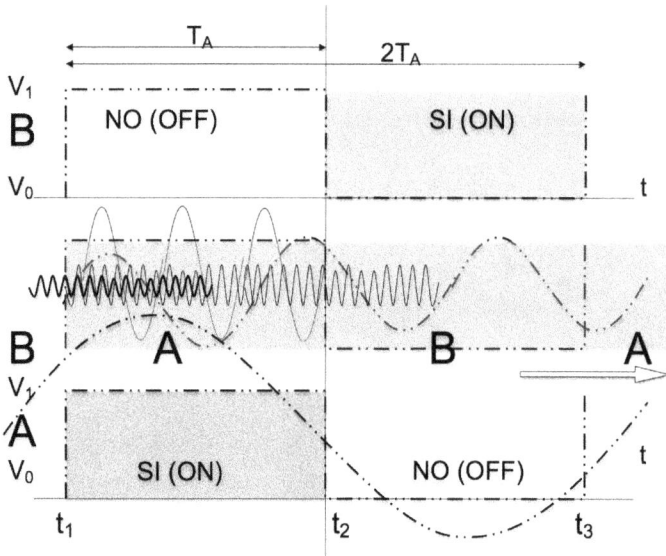

Figura XII.
Trenes de ondas A y B de igual magnitud, período T_A (o T_B, ya que son iguales) y frecuencias de repetición. La suma es un pulso de duración $2T_A$ que al repetirse eternamente da un espacio constante (sombreado central). Ver texto.

Por ahora sólo nos interesa hacer una breve mención de la herramienta matemática por la que podemos describir una entidad eterna por sus componentes temporales.

Ya hemos visto reiteradamente que la existencia es de naturaleza binaria, lo que significa que todo elemento existencial, toda
unidad existencial es una unidad binaria, una unidad definida por
dos componentes inseparables. Es lo que nos dice el modelo matemático espacio-tiempo de nuestro universo.

**La Unidad Existencial es, entonces, una unidad de espacio
(presencia de sustancia primordial) y su contenido de movimiento.**

Para evaluar un entorno del proceso interno de naturaleza binaria, <u>proceso de intercambio de espacio (sustancia primordial) y
movimiento</u>, definimos una variable independiente, que no depende de ninguna consideración ni de cambios dentro de la Unidad
Existencial. Hemos definido el tiempo, una pulsación de referencia, que es solo una variable válida en nuestro universo, en <u>nues-
tra dimensión de tiempo dada por la aceleración del manto energético universal en el que nos hallamos inmersos</u>, [aceleración a
la que consideramos constante (cosa que no es cierto pero no a-
fecta a nuestras experiencias locales)].

Siendo *tiempo* la variable independiente, podemos evaluar el
espacio desarrollado por un proceso de re-distribución de sustancia primordial, el espacio de la Unidad Existencial.

Pero la Unidad Existencial es un espacio constante, eternamente. Luego,

**¿Cómo describimos el espacio en función del tiempo si no
es una función del tiempo (pues es eterno)?**

**Como analogía, recordemos que una fuente de potencial e-
léctrico constante, una batería, es obtenida por la suma de
infinitas componentes temporales de frecuencias muy ele-
vadas.**

Podemos considerar que el espacio, la re-distribución de sustancia primordial, es compuesto de un tren absolutamente indefi-
nido, interminable, de pulsos de una duración T. Nosotros ya sabemos describir un pulso temporal (A o B) por sus componentes

de frecuencia; es por la herramienta matemática *Transformación de Fourier*. Si tenemos dos trenes de pulsos iguales (A y B) pero desfasados de manera que su suma nos dé una constante, tenemos la realidad: una constante, descripta por sus componentes de frecuencias de la suma de los dos trenes de pulsos.

Veamos.

Cada pulso T_A y T_B es la presencia de cada dominio D_1 y D_2 que ya hemos visto; presencia de los dominios de distribuciones de la sustancia primordial y sus asociaciones. La presencia de los dos dominios definen la Unidad Existencial. Ambos dominios tienen la misma cantidad de energía, la misma cantidad de cargas primordiales, la misma cantidad de rotaciones [aunque estén en espacios geométricos diferentes (adentro y afuera de la superficie $Z\Phi$) eso no importa, ya que la FUNCIÓN EXISTENCIAL consciente de sí misma se define por las interacciones entre los dos sub-dominios con la misma cantidad de cargas en cada uno (aspecto que se revisa en el *Modelo Mecánico Racional de "Instalación Inicial" y Re-Creación del Hiperespacio de Existencia*)].

Luego, cada pulso representa la presencia de la cantidad de carga disponible para mantener el proceso existencial en cada sub-dominio. Como la Unidad Existencial tiene una configuración interna binaria, Alfa y Omega, cada pulso es el proceso de vida en cada hiper galaxia mientras la otra se re-carga. La conmutación entre ellas al cabo de cada semi-período de carga hace que se obtenga el proceso consciente continuo, la vida, sin interrupción, al transferir la vida de una hiper galaxia a la otra mientras se re-carga la otra hiper galaxia. Este mecanismo es real. Lo veremos luego, en una analogía en nuestro sistema solar.

Cada pulso describe la presencia de cada hiper galaxia, el espacio en el que tiene lugar la FUNCIÓN EXISTENCIAL. Cada pulso se descompone en infinitas componentes temporales. La suma de los dos pulsos nos da el proceso existencial consciente de sí mismo sin interrupciones.

Entonces, la presencia continua, permanente del proceso existencial consciente de sí mismo, indicada por el sombreado en el centro de la Figura XII, es la suma de las infinitas componentes temporales en las que se sub-divide, realmente, el proceso eterno.

El proceso existencial tiene una componente alterna fundamental, la *componente "portadora" del proceso existencial*, de período inmutable; componente sinusoidal con respecto a un valor medio constante absoluto; es la de mayor período que es igual a la suma de los semi-períodos (T_A+T_B). Este período $T = (T_A+T_B)$ es el período de re-energización de la Unidad Existencial (durante cada medio período se recarga cada hiper galaxia), y es el período de re-creación de la Unidad Binaria [Alfa-Omega] que sustenta el proceso consciente de sí mismo, la FUNCIÓN EXISTENCIAL.

Nuestro universo se halla "montado" en la componente senoidal fundamental. Esta componente es la componente "portadora" del proceso consciente de sí mismo; es la componente sobre la que se establece todo lo que define al dominio material.

XIX

$Z_{LÍM}$
Superficie periférica de la Unidad Existencial

Generación de la Pulsación Universal

La fricción de la no-existencia afuera de $Z_{LÍM}$ es absolutamente infinita. Afuera de $Z_{LÍM}$ no hay nada, no hay movimiento en absoluto; nada puede transferirse, nada puede tomarse desde allí.
Ver Figura IV.

Toda partícula primordial que se aproxima a la periferia $Z_{LÍM}$ se disocia en sus componentes absolutos de sustancia primordial porque cada elemento, a medida que se va acercando a un entorno sin movimiento (frío absoluto) se acelera a su límite, se calienta tratando de "calentar" el entorno, y se pierden todas las vinculaciones, las puestas en fase entre los elementos de la asociación que se acerca a la periferia.

Las unidades de cargas reaccionan frente a la no-existencia afuera del manto existencial en el límite de la existencia, afuera de $Z_{LÍM}$.

[Recordemos que hay una carga o cantidad de hiperrotación contenida en cada elemento infinitesimal de sustancia primordial (hiperrotación es la rotación simultánea sobre tres ejes que se interceptan en el centro de la unidad de hiperrotación)].

Por la fricción absolutamente infinita de la no-existencia afuera de $Z_{LÍM}$ ninguna carga no puede ser transferida a la no-existencia;

la carga se re-distribuye, coloca un eje normal a la hipersuperficie $Z_{LÍM}$ (la fricción infinita no importa pues ese punto no tiene volumen en el límite y puede tomar una rotación inmensurable, en teoría sin límites pero luego de una cierta cantidad es desplazada fuera de $Z_{LÍM}$ y reemplazada por otra unidad de carga, por otro elemento de sustancia primordial. Luego, el elemento desplazado se re-asocia, con lo que se recupera la asociación previa, ya que nada puede perderse dentro del hiperespacio de existencia que es absolutamente cerrado. La asociación tiene otra carga; ha sido re-energizada cada componente de la re-asociación. Este cambio se transfiere a todo el manto de fluído primordial causando un efecto opuesto en otro entorno en otra constante de tiempo.

Los gradientes de las asociaciones y las disociaciones hacia y desde la hipersuperficie límite $Z_{LÍM}$ generan las dos fuerzas primordiales (*gravitación e inducción primordiales*), las que se modulan en diferentes constantes de tiempo (en diferentes cantidades de proceso, de tiempo) dentro de la configuración que se desarrolla sobre el volumen definido por la presencia del manto de sustancia primordial.

Estas distribuciones de asociaciones y disociaciones, los dos campos primordiales de *gravitación e inducción*, pulsan a causa de la continua, incesante disociación y re-asociación que tienen lugar en la periferia $Z_{LÍM}$ de la Unidad Existencial.

Las dos fuerzas primordiales, *gravitación e inducción,* son luego, en nuestro entorno del proceso existencial, las fuerzas primordiales *amor* y *temor* que impulsan el proceso de conscientización, de la redistribución e interconexión de las constelaciones de información, experiencias de vida frente a las experiencias emocionales.

XX

Armonía

Leyes Universales

El Principio Absoluto que rige las distribuciones energéticas, o el *comportamiento dinámico del campo primordial,* es la característica de interacciones entre los componentes que surgen de la configuración misma del *campo primordial.*

La configuración del *campo primordial* obedece a la naturaleza binaria de la sustancia primordial, y esta configuración, la única que sustenta el proceso existencial, tiene relaciones que se transfieren a todas las componentes del proceso existencial que es absolutamente cerrado espacialmente, y absolutamente abierto temporalmente como una secuencia inacabable de sub-procesos de re-energización y re-creación de sí misma de la configuración primordial que oscila entre dos estados límites con respecto a un valor medio inmutable sobre el que no puede detenerse.

La distribución de sustancia primordial en la Unidad Existencial es absolutamente constante conformando la hiperesfera con dos distribuciones exponenciales D_1 y D_2 dadas por las distribuciones de rotaciones de los elementos de sustancia primordial. Esas dos distribuciones exponenciales pulsan entre dos estados límites alrededor de un valor medio, debido a la pulsación generada en $Z_{LÍM}$. Ver las Figuras V; VII; XXI; XXVII(B) y XXX(A).

El *campo primordial* en el entorno de convergencia $Z\Phi$ de

126

los dos dominios D_1 y D_2 tiene una componente media, una distribución absolutamente constante del *fluído primordial* que resulta de la suma o integral de todas las componentes temporales en cualquier y todo instante del proceso existencial. No hay una distribución, un *campo primordial* real constante, sino que la suma de todos los componentes es constante.

Alrededor de hΦ de ZΦ se extiende la configuración del dominio material, la Unidad Binaria [Alfa-Omega].

Esta configuración tiene una componente alterna fundamental, la componente "portadora" sobre la que se modulan todas las re-distribuciones temporales con respecto a una referencia absoluta, inmutable, que es la componente suma o integral de todas las componentes temporales (componente fundamental a la que ahora podemos llegar y de la que ya tenemos una descripción racional, matemática, en nuestro universo). Esta componente pasa por el estado medio por un "instante" en la eternidad, como parte del proceso de cambio de un estado límite al otro. Ese "instante" en la eternidad son billones de años nuestros. El valor medio inmutable del manto energético en hΦ es aquél cuya relación [Ξ/e^*] corresponde a la temperatura absoluta de 0°K.

El cambio neto sobre toda la hipersuperficie de convergencia ZΦ en cada instante existencial es nulo.

El cambio neto en todo y cada punto de hΦ sobre todo un período de re-distribución T=(T_A+T_B) de la Unidad Existencial es nulo.

Armonía.

Armonía es la característica de interacción entre los componentes de la configuración interna, de la Forma de Vida Primordial que se re-crea a sí misma por un proceso de re-distribuciones energéticas e interacciones entre estructuras de información y de comparación de experiencias que conforman la FUNCIÓN EXISTENCIAL.

La Unidad Existencial establece y sustenta este proceso, el único que puede tener lugar, y la característica que posee es la que llamamos *armonía*; característica que luego estimula a todos sus componentes conscientes de sí mismos en otro nivel de consciencia en desarrollo a partir de un nivel primordial.

La característica de armonía es la que matemáticamente se expresa por las relaciones entre las componentes armónicas y los coeficientes de la descripción de una unidad por una *Serie de Fourier.*

Armonía es la característica de interacciones primordiales por las que se sustenta la Consciencia de Sí Misma de la FUNCIÓN EXISTENCIAL, por lo que la configuración sobre la que tiene lugar esta FUNCIÓN EXISTENCIAL se constituye en el Principio, la Referencia Absoluta, que rige las distribuciones energéticas y las relaciones entre sus componentes, lo que da lugar a las Leyes Universales en nuestro dominio material, temporal, que <u>son versiones de estas relaciones en otra dimensión de proceso</u>. El patrón primordial desde el que se generan todas las versiones de las relaciones de distribuciones y re-distribuciones energéticas e interacciones, es la *función logarítmica*, o su inversa, la *función exponencial* cuya base es la constante matemática <u>e</u>.

Esta característica de interacciones es la que permite transferir la información de vida y el algoritmo de interacciones que conduce a las consciencias de sí mismas de las formas de vida superiores.

XXI

En la Cónsola del Centro de Creación
de Todo Lo Que Observamos y Experimentamos

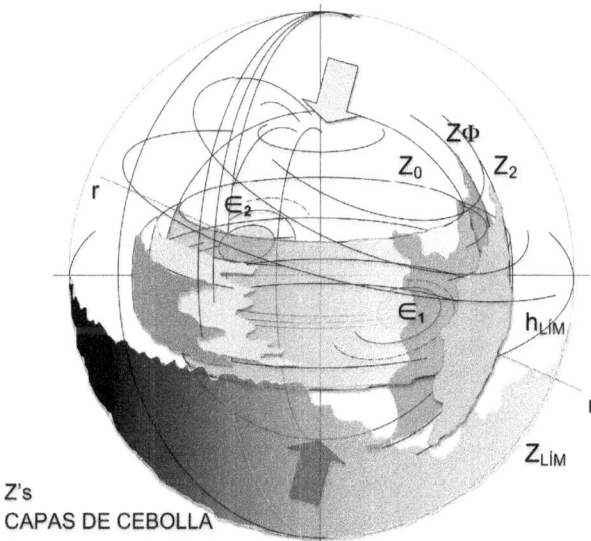

Figura XIII.
Nuestro universo es la hiper galaxia Alfa, aquí indicada como $\in_1$.

Estamos, la especie humana en la Tierra, en nuestro universo (la hiper galaxia Alfa, $\in_1$), en el "centro" energético del hiperespacio de existencia, en la hipersuperficie de convergencia energética $Z\Phi$ de la Unidad Existencial; en el dominio material, en el entorno de convergencia de los dos sub-dominios D_2 y D_1, sub-dominios de asociación y disociación, respectivamente, de la sustancia primordial y las partículas primordiales.

En un hiperespacio multidimensional de naturaleza binaria hay un centro geométrico Zn, que es también el núcleo energético de la Unidad Existencial, y un "centro", un entorno energético, que es la hipersuperficie $Z\Phi$ de convergencia energética, extraordinario entorno en el que estamos manifestados.

Nuestro universo es un entorno ($\in_1$) o el "vecindario" de la Unidad Existencial que alcanzamos desde la Tierra.

Nuestro universo se desarrolló a partir de la expansión de un "paquete" de energía de la Unidad Existencial luego del "disparo" del Big Bang, del evento de expansión de ese "paquete" de energía. Hubo esa expansión, aún en progreso, pero no es como se interpreta hasta ahora. La expansión se ve como "explosión" inicial solo por la dimensión del tiempo en la que nos encontramos. En realidad, la expansión fue y sigue siendo una curva logarítmica suave; un entorno, nuestra galaxia, tuvo otra curva logarítmica con otra pendiente de desarrollo inicial. No vamos a entrar en estos detalles aquí. Solo recordemos que la descomposición de un semiperíodo de proceso (de Alfa u Omega) tiene infinitas componentes con diferentes períodos (o frecuencias) de re-energización y pasos de evolución. Lo vimos en la descripción matemática de la eternidad por la herramienta racional de la *Transformación de Fourier*.

¿Qué hay en la hipersuperficie $Z\Phi$ de convergencia energética sobre la que se halla nuestro universo, que pudiera interesarnos a todos, en una medida u otra, y que no hayamos visualizado aún?

- **Es la hipersuperficie donde tiene lugar la supervisión y control de evolución del proceso existencial.**

- Es el entorno de convergencia de todas las relaciones causa y efecto del proceso existencial.

La función de control de cierre de todas las re-distribuciones de las variaciones de las cargas primordiales es inherente a la configuración de la Unidad Existencial. Esto es sumamente importante pues nos dice que toda divergencia temporal del proceso existencial consciente de sí mismo va a regresar a su estado natural eterno.

La función de control es consecuencia natural de la estructura de proceso existencial que se sustenta por, y sobre la presencia del manto inmensurable de sustancia primordial de naturaleza binaria frente a la no-existencia fuera de ella.

La inteligencia, la característica de interacción o de proceso cerrado autosupervisado y controlado, es inherente a la existencia. De esta característica derivamos luego la condición de cierre de nuestros procesos locales temporales que empleamos en nuestras expresiones matemáticas [por ejemplo, la condición de cierre de los sistemas resonantes en las aplicaciones en el sub-espectro electromagnético (ELM): la variación de los volúmenes de cargas primordiales en cada sub-dominio D_1 y D_2 son iguales en todo instante de proceso, pero varían sus distribuciones espaciales y sus componentes temporales (descripto por las *Series de Fourier*. $Z\Phi$ "supervisa" esta igualdad, o mejor dicho, sobre ella tiene lugar esta igualdad primordial)].

- Es la hipersuperficie de control de evolución de nuestro universo y de nuestro sistema solar.

- **Es el entorno de las interacciones y comparaciones que establece y sustenta la Consciencia Universal.**
  Es la hipersuperficie sobre la que ocurre el intercambio de experiencias en diferentes dimensiones de tiempo que conducen a la consciencia de sí mismo del hiperespacio de existencia, DIOS.

- Es la hipersuperficie de la que se deriva nuestra estructura de control del proceso que conocemos como el proceso racional, control por el que voluntaria, y conscientemente desde nuestro nivel de consciencia, evolucionamos hacia otro nivel trascendiendo este entorno en el que estamos manifestados, inmersos.

Podemos controlar nuestra evolución de consciencia, por nosotros mismos.

Podemos comenzar a tomar control del poder de creación inherente al ser humano, a la especie humana.

Podemos recuperar el estado primordial de sentirse bien en toda circunstancia de vida al entender el proceso existencial y hacernos parte de él conscientemente.

Podemos terminar con nuestras experiencias de sufrimiento e infelicidad al entender que somos parte inseparable, inescapable del proceso existencial, del que si ahora no podemos beneficiarnos plenamente para nuestros desarrollos individual y colectivo es sólo por la "separación" a la que hemos sido conducidos por nuestras decisiones limitadas, distorsionadas por el temor que realimenta la ignorancia, la falta de consciencia[Ref.(B).(I).2].

- Es la hipersuperficie sobre la que se encuentra la estructura de *Conciencia* (no es cons_ciencia), el arreglo de referencia del proceso existencial. La estructura de interacción consciente de sí misma tiene una configuración en "capas de cebolla", hipersuperficies Z's a ambos lados de la hipersuperficie de convergencia $Z\Phi$; es la estructura de la TRINIDAD PRIMORDIAL de la que nuestra estructura trinitaria *almamente-cuerpo* es *imagen y semejanza*.

  Tenemos acceso a las estructuras que componen el Conocimiento Existencial, las relaciones causa y efecto primordiales.

  Reconoceremos el origen mecánico del proceso primordial por el que se establece, define y sustenta conscientemente de sí mismo el hiperespacio de existencia.

Reconoceremos el origen de la base de la *función patrón primordial*, la función exponencial de base e̲.

Accediendo a la estructura de Conocimiento Existencial, de la Consciencia del proceso Existencial, DIOS, o Dios en nuestro universo, obtendremos lo siguiente,

- **Entenderemos la evolución de la re-creación de Sí Mismo de Dios, y nuestra propia evolución dentro de Él.**

- Entenderemos por qué hay vida solamente en un entorno, aunque ese entorno alberga infinitas constelaciones con vida. No estamos solos en el universo, en la Unidad Existencial.

- Entenderemos el proceso de transferencia de información de vida; el proceso de conmutación entre Alfa y Omega, y de Omega a Alfa, y así eternamente.

- Entenderemos nuestra relación con la Unidad Existencial, DIOS, la Consciencia Primordial, y Dios, la dimensión de DIOS en nuestro universo; reconoceremos el *Protocolo de Comunicaciones Primordiales* para establecer conscientemente, por nosotros mismos, por nuestra sola voluntad, la relación activa con Dios, con el proceso existencial consciente de sí mismo en nuestro universo, del que somos parte inseparable, inescapable.
  En la Figura III(A) vemos la configuración de la Unidad Existencial toda, del cuerpo de DIOS (cuya Consciencia es la Consciencia Primordial). Pero la estructura que realmente sustenta el proceso consciente de sí mismo es el dominio material, el dominio de *circulación k* que veremos a menudo al considerar el arreglo energético de la Unidad Existencial. El dominio material es el que incluye las dos hiper galaxias Alfa y Omega y todas las asociaciones materiales en el en-

torno de convergencia, en el hiperanillo ecuatorial de la hipersuperficie de convergencia energética ZΦ.

Dios es la Consciencia Universal, la consciencia del proceso existencial sustentado en el universo Alfa, nuestro universo; es la dimensión de *consciencia Madre/Padre*, mientras que la dimensión de *consciencia Hijo* es la de toda la especie humana universal en Alfa, no solo la especie humana en la Tierra.

- **No solo podemos establecer la comunicación consciente con Dios sino que podemos ponernos en el camino de entender a Dios, ¡en el camino de interactuar con el proceso existencial, con DIOS!** Refs.(A).1 y (B).(I).2

- Reconoceremos y entenderemos el origen de las dos únicas fuerzas primordiales que en el entorno primordial, espiritual, de nuestra estructura de proceso local SER HUMANO de desarrollo de consciencia generan nuestras experiencias de *amor y temor*, son las fuerzas que en la fenomenología energética universal dan origen a todas sus modulaciones, a todas las diferentes fuerzas locales, temporales que provienen de esas dos.

Tenemos el proceso existencial consciente de sí mismo a nuestro alcance.

Tenemos acceso a la herramienta para hacer realidad la más grande experiencia a la que está llamado el ser humano: *trascender y establecer contacto personal, individual, íntimo, conscientemente, con el proceso existencial consciente de sí mismo, DIOS.*

Llevamos en nuestro arreglo biológico la información del proceso del que provenimos. Compartimos con Dios un sub-espectro de la estructura ADN (del arreglo de las moléculas de vida ADN) sobre la que se desarrolla el proceso SER HUMANO en nuestra dimensión existencial.

El contenedor, la Unidad Existencial, siendo eterna es cerrada absolutamente.

Este cierre origina patrones universales.

Todo lo que tiene lugar dentro de ella se sub-divide en componentes temporales que llevan la información de la componente principal, de la componente "portadora" sobre la que tienen lugar todas las componentes temporales a *imagen y semejanza* de ella, de la "portadora".

La hipersuperficie "portadora" es ZΦ, la hipersuperficie de convergencia energética.

« Sois hechos a imagen y semejanza Mía ».

Los procesos UNIVERSO y SER HUMANO son imágenes del proceso existencial, del proceso ORIGEN ABSOLUTO, a otras escalas.

Forma de Vida Primordial.

Una vez que reconocemos a la Forma de Vida Primordial, que es la entidad binaria Alfa y Omega [Figura III(A)], reconocemos a su vez que somos componentes, partes inseparables de esta unidad.

« Somos Uno ».

"Nada puede ser creado de la nada".

« La Verdad no puede ser ocultada ».

« El Espíritu de Vida Eterno no puede ser negado ».

Por lo tanto,

- No creamos inteligencia, sino que la desarrollamos a partir de un nivel primordial que se transfiere de Omega a Alfa, y de Alfa a Omega; y así sucesiva, eternamente, por un mecanismo a nuestro alcance (que no podemos cubrir en esta presentación; sólo veremos una introducción luego).

« *Yo Soy, Alfa y Omega, Principio y Fin* ».

- **No creamos consciencia, sino que la desarrollamos a partir de un nivel primordial con el que somos concebidos en esta manifestación temporal, que es la *consciencia primordial de sentirse bien*.**

- Desarrollamos la habilidad de acceder a los diferentes niveles del arreglo energético, de la estructura inteligente consciente de sí misma.

- No creamos conocimiento, sino que nos hacemos conscientes de él a través del proceso racional, del proceso de establecimiento de relaciones causa y efecto de la fenomenología energética universal, y de las interacciones con las manifestaciones de vida universal y las experiencias en nuestro arreglo trinitario *alma-mente-cuerpo* que nos establece y sustenta como proceso consciente de sí mismo, como proceso SER HUMANO que es un sub-espectro del proceso existencial.

- Entendimiento es el resultado de la correcta asociación de estructuras o constelaciones de información siguiendo la orientación primordial y el patrón universal para la asociación o el concatenamiento energético, y las *Actitudes Primordiales* para alcanzar y, o mantener el estado primordial de sentirse bien [Refs.(A).1, (B).(I).2 y (C).1].

- Nuestra mente es un sub-espectro de la mente universal, de la red de modulación presente en el espacio-tiempo, modulación a la que no llegamos sino por sus efectos que resultan la integración de esa modulación en todo nuestro cuerpo.

- **Nuestro cuerpo es una colosal antena.**

- **Nuestro arreglo biológico es un sistema resonante.**

- Las emociones son estados de resonancia de la estructura trinitaria *alma-mente-cuerpo*.

- Los sentimientos son modulaciones que recibimos desde la estructura TRINIDAD PRIMORDIAL y actúan en el nivel primordial de resonancia de nuestra estructura de moléculas de vida (moléculas ADN) de la cadena genética.
  La distribución en todo el cuerpo de las cadenas genéticas conforma el sistema resonante SER HUMANO, el sistema de comunicación con el universo, con el proceso existencial, con Dios, el nivel de consciencia en nuestro universo, y con DIOS, el nivel primordial, absoluto, de consciencia de la FUNCIÓN EXISTENCIAL; luego nosotros variamos, modulamos sus efectos por la influencia de la consciencia cultural del grupo social humano al que pertenecemos.

- **Espíritus son estructuras de intermodulaciones de sub-espectros a nivel primordial del manto energético que son conscientes de sí mismas**.

- Dios y la Especie Humana Universal (no solo la especie humana en la Tierra) son los dos componentes de la Estructura Binaria de Interacciones, Consciente de Sí Misma, en el universo, nuestro universo.
  Dios y Especie Humana Universal son inseparables. Ambos conforman la Unidad de Consciencia Absoluta, DIOS. Mejor dicho, <u>las interacciones de las dimensiones de consciencia *Madre/Padre* e *Hijo* conforman a DIOS</u>, Consciencia Primordial.
  La especie humana en la Tierra somos una sub-estructura de la estructura de Consciencia Universal, Dios, en un nivel que está en desarrollo hacia el nivel que nos dio origen, ¡hacia Dios mismo!
  Si una individualización, una parte de la mente de Dios,

137

se desvía del Todo, de la Unidad, el resto le llama la a-tención.

- Dios se re-crea a través del ser humano.

- Somos co-creadores con Dios, con el proceso existencial.

- El ser humano reconoce a Dios en los sentimientos y Le experimenta en las emociones que son aspectos de Él.
  El ser humano es el medio por el que el proceso existencial se experimenta a sí mismo en todos los infinitos diferentes aspectos que conforman la Unidad Existencial.

- **Tenemos las *Orientaciones Eternas* que estimulan el desarrollo de consciencia en armonía con el proceso existencial** [Refs.(A).1, (B).(I).2 y (C).1].

- **Tenemos las *Actitudes Primordiales* que nos orientan hacia la armonía con Dios necesaria para la creación de las experiencias de vida libres de sufrimientos e infelicidades** [Refs.(A).1, (B).(I).2 y (C).1].

Espíritu de Vida.

El Espíritu de Vida es el nivel de *conciencia* eternamente inmutable de DIOS, proceso existencial que se reconoce a sí mismo. Es la referencia de DIOS, del proceso existencial, del proceso ORIGEN.

Espíritu de Vida es la componente inmutable de la estructura de pulsación de la Unidad Existencial.

Espíritu de Vida es el componente constante del *arreglo de relaciones causa y efecto* definido por las estructuras de las constelaciones de información dentro de la Unidad Existencial, DIOS, cuyas interacciones y comparaciones en diferentes constantes de tiempo resultan en su reconocimiento y entendimiento de sí mismo de esas interacciones y comparaciones. Estas interacciones y comparaciones, junto con la re-distribución energética de la pulsación primordial originada en la hipersuperficie límite $Z_{LÍM}$ y el núcleo Z_n de la Unidad Existencial, definen el proceso existencial.

El Espíritu de Vida es la componente absoluta, eterna, permanentemente inmutable de la convergencia de un sistema de infinitas estructuras de información en permanente re-distribución en la Unidad Existencial, que se entiende al extender la herramienta racional de la *Transformación de Fourier* a un hiperespacio multidimensional cuya naturaleza es binaria.

Esta componente eterna es la suma de todas las componentes temporales que conforman la Unidad Existencial, en cualquier y todo instante del proceso existencial.

Energéticamente es el componente eterno, inmutable, de la estructura de pulsación o de vibración de la Unidad Existencial, lo que en las comunicaciones electrónicas llamamos la componente "portadora" absoluta, constante inmutable, que rige todas las re-distribuciones energéticas e interacciones temporales que componen y definen al proceso existencial y a los entornos o sub-espectros de sus individualizaciones que nos definen a nosotros, a los seres humanos, en nuestra experiencia temporal, relativa, en nuestro entorno material. Es el valor de la constante que se describe por la *Serie de Fourier*.

Re-Creación de una Presencia Eterna, no Creación, y evolución de la Re-Creación.

El ser humano, no importa que se crea que sea el resultado de una Creación particular o de la evolución de una re-distribución energética, *de todas maneras proviene de una fuente inteligente consciente de sí misma*, ya que ningún proceso, tal como saben las disciplinas racionales de Ciencia y Teología, puede arrojar como resultado una imagen más evolucionada que la referencia que le guía al proceso para resultar en el sub-proceso SER HUMANO, ni más evolucionado que el algoritmo que supervisa al proceso.

Conforme a Ciencia, si la Unidad Existencial (la unidad absoluta de energía) es eterna, entonces no hubo nunca una creación de la vida inteligente que precedió a la re-distribución de la energía para que esa re-distribución resultara en inteligencia. La inteligencia consciente ya estaba presente en el proceso que dio lugar a inteligencia con capacidad de desarrollar consciencia, pues *el resultado de todo proceso energético es una imagen de la referencia*, del proceso que le precede. En otras palabras, el ser humano, inteligente y consciente, solo puede ser resultado de un proceso inteligente y consciente. Si Ciencia cuestionara esta última afirmación, que es inherente a todo proceso energético, sería sólo porque no ha alcanzado a reconocer que el proceso racional humano es un sub-espectro del proceso racional universal consciente de sí mismo ¡que precede a todos y cualquier proceso temporal que resulte consciente de sí mismo! Esta relación entre eternidad y sus componentes temporales ya ha sido establecida matemáticamente mediante la *Transformación de Fourier* en otro nivel del proceso universal, aunque no se ha reconocido así. La Unidad Existencial es cerrada absolutamente; todo proceso local interno es cerrado por un tiempo, es un sub-proceso del proceso eterno; y todo resultado de un sub-proceso es una imagen a otra escala del proceso eterno del que es componente y que le "precede", siempre.

Nuestro Universo

La hiper galaxia Alfa

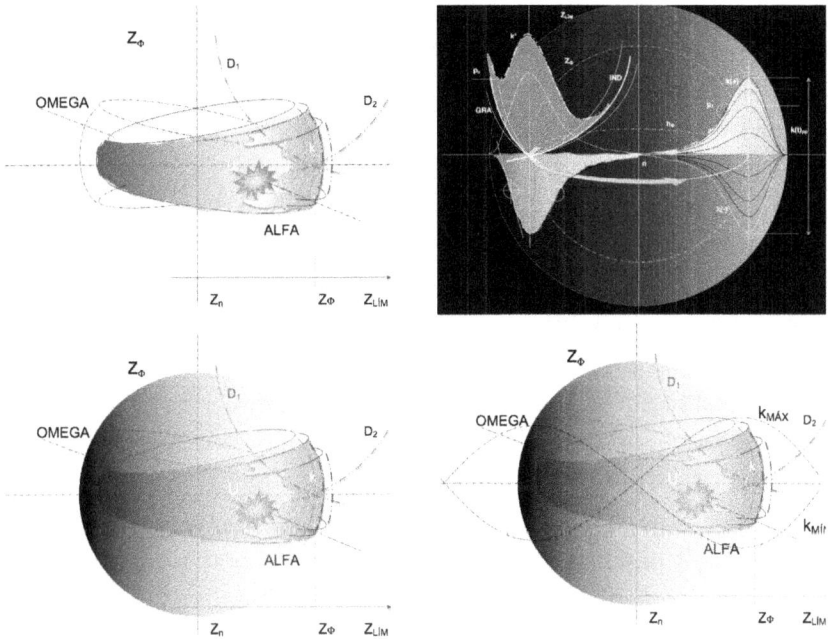

Figura XIV.
Nuestro Universo.
¿Por qué observamos una expansión aparentemente indefinida en nuestro universo?

Se expande un dominio, el nuestro, el material; el dominio del nivel de asociación de la sustancia de la que todo se genera, que percibimos con nuestros sentidos limitados en un sub-espectro del espectro existencial, mientras se contrae el otro dominio, el dominio primordial cuyos sub-dominios de *gravitación* (D_2) e *inducción* (D_1) generan las dos fuerzas primordiales de asociación y disociación [*amor y temor* en la estructura de consciencia]. Detalle superior derecho, para el universo Omega (a la izquierda de la i-lustración).

Esta interacción armónica entre expansión y contracción no puede ser alcanzada sino por el proceso racional, y confirmarse en la fenomenología energética universal, en nuestro entorno del hiperespacio de existencia multi-dimensional de naturaleza binaria.

El dominio material es resultado de la convergencia de, e inter-acción entre los dos sub-dominios primordiales D_1 y D_2; dominio que se halla sobre la estructura de circulación k del manto de *fluído primordial*.

El dominio material tiene una cantidad constante de materia, pero cambia su distribución.

Nuestro universo Alfa es el dominio material visible.

El universo Omega es el universo de materia "oscura".

"Materia oscura" es también la asociación material que no se ve pero que es parte del hiperanillo de circulación hΦ.

Nuestro universo se halla inmerso en el manto de *fluído primordial* cuya densidad de rotación, de carga primordial, está por encima del nivel promedio; es la energía que estimula el proceso tal como lo conocemos y experimentamos. El universo Omega se halla en el manto cuya <u>densidad por debajo del nivel promedio del manto primordial define la "energía oscura"</u>. Estas distribuciones de densidades se muestran por la curva senoidal que varía entre un estado y el otro. En el detalle inferior derecho se muestran las dos senoidales que representan las distribuciones de densidad del manto según el radio de la Unidad Existencial, y sus amplitu-des varían entre una senoide y la otra en el tiempo, como se indi-ca en la ilustración superior derecha para la circulación k del uni-verso Alfa.

XXII

ZΦ

Hipersuperficie "portadora" del proceso consciente de sí mismo, de la FUNCIÓN EXISTENCIAL

Entorno de resonancia primordial

Esta hipersuperficie se define por la convergencia de todas las re-distribuciones de cargas primordiales, de rotaciones de los dos dominios de re-distribuciones de las asociaciones de sustancia primordial D_1 y D_2, dentro y fuera de ZΦ respectivamente.

En la revisión del mecanismo de intersección de Trenes de Ondas que presentamos en la sección Re-Creación de la Unidad Existencial, más adelante, veremos con claridad lo que definimos a continuación.

Esta convergencia sobre toda ZΦ, que es absolutamente constante en cualquier y todo instante del proceso existencial, es lo que define a la hipersuperficie ZΦ como la hipersuperficie "portadora" de todas las relaciones causa y efecto del proceso existencial, y sobre su estructura de asociaciones se comparan las interacciones que ocurren dentro y fuera de ella, en diferentes constantes de tiempo, que resultan en la consciencia de sí mismo del proceso de interacciones y comparaciones.

En un hiperespacio cerrado de distribución o arreglo de información, la suma o integral de las relaciones causa y efecto en todas las direcciones del hiperespacio resulta en un arreglo absolutamente constante: *es la Unidad de Conocimiento Absoluto.*

Esta *Unidad de Conocimiento Absoluto* es la red de células de información que establece y define a la hipersuperficie de convergencia energética $Z\Phi$.

Con respecto a esta hipersuperficie y sobre las hipersuperficies inmediatas de la estructura en "capas de cebolla" es que se define la ESTRUCTURA TRINITARIA PRIMORDIAL.

Ver "capas de cebolla" en una roca, Figura XV(B) al final de esta sección.

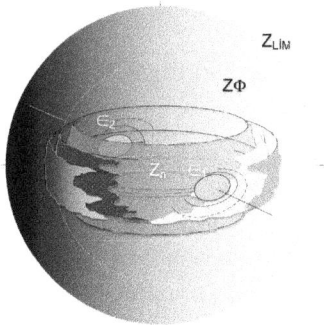

Figura XV(A).
Estamos sobre una componente temporal oscilatoria de la estructura de circulación de la Unidad Existencial. Es una curva análoga a la curva senoidal Alfa que vimos en la ilustración inferior derecha de la Figura XIV.

La hipersuperficie $Z\Phi$ tiene toda la información del proceso existencial; al pulsar, a causa de la excitación por la pulsación que se genera en la periferia de la Unidad Existencial, transfiere esa información a todos sus entornos. **Por eso es la "manta" del a-rreglo espacio-tiempo portadora del proceso existencial**, el nivel del manto energético portador de la componente de referencia de todas las versiones locales y temporales.

A lo largo de su hiperanillo ecuatorial hΦ tiene lugar la circulación k del dominio material en el que nos hallamos como parte de la Unidad Binaria [Alfa-Omega].

Esta circulación es aproximada como una estructura de "bandas" tal como se ilustra en la Figura XV(A) [la banda central es el valor medio de todas las bandas a lo largo de un ciclo de re-energización de la Unidad Existencial y de re-creación de la Forma de Vida Primordial que se configura a lo largo de ella, de la banda central, como ya vimos en las Figuras III(A) y III(B)].

Las bandas son los lugares geométricos de "puntos" del *fluído primordial* con igual carga o de entornos con igual densidad de carga.

En el entorno de la hipersuperficie de convergencia energética universal ZΦ se define el *sistema resonante primordial* del que se derivan nuestros sistemas resonantes electrónicos en el sub-espectro electromagnético (ELM).

Para la Ciencia.

Sobre la hipersuperficie ZΦ se constituye un sistema resonante en paralelo, mientras que sobre su hiperanillo ecuatorial hΦ se constituye un sistema resonante en serie. En el sistema en paralelo el sub-dominio primordial D_1 es el inductor mientras que el sub-dominio D_2 es el capacitor unario (unario: de un componente; de un solo dieléctrico, en este caso).

"La luz es el efecto resultante de un fenómeno de resonancia universal que tiene lugar en la hipersuperficie de convergencia. Nuestro sentido de visión es la experiencia de esta resonancia universal".

Figura XV(B).
"Capas de cebolla" en el interior de una roca.

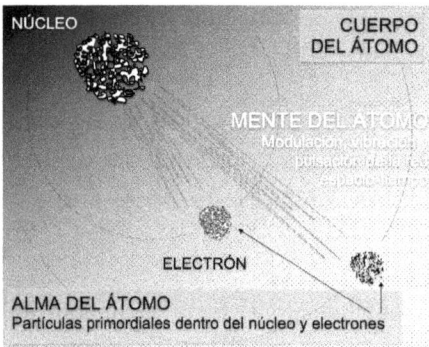

Figura XV(C).
Átomo, *unidad de circulación*, célula energética.
Analogía de una estructura trinitaria, de un arreglo o configuración en tres dimensiones energéticas.

Z_1 de la Tierra
Hipersuperficie de Control de Resonancia

(Análoga a $Z\Phi$ Primordial)

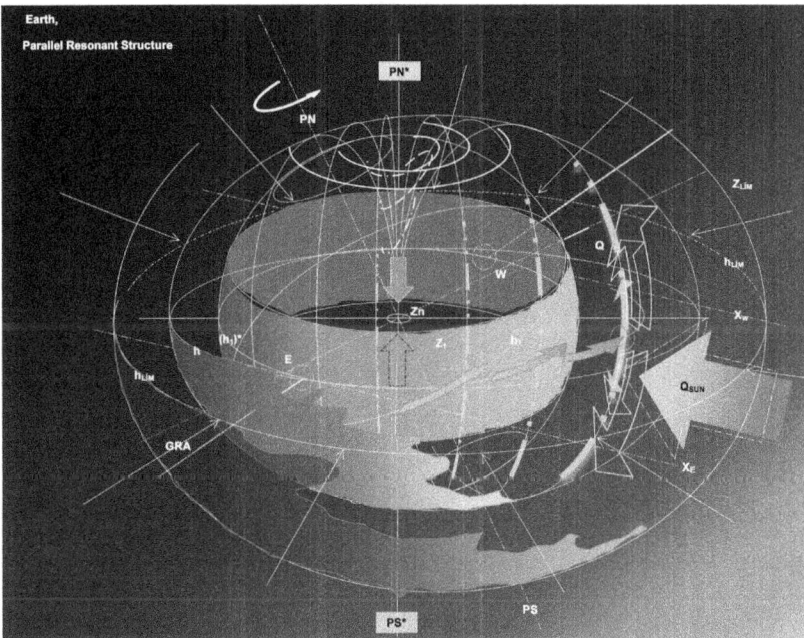

Figura XVI.

Dos dominios D_1 y D_2 de asociaciones de la sustancia primordial, dos sub-dominios primordiales (la nuclearización interna del planeta y su atmósfera de inserción en el sistema solar) generan con sus interacciones un sub-dominio de convergencia de sus re-distribuciones, la corteza terrestre, alrededor de la hipersuperficie de convergencia Z_1 (análoga a $Z\Phi$ en la Unidad Existencial).

Las interacciones entre los tres sub-dominios [D_1, D_2 y k

(la circulación alrededor de Z_1)] establecen y definen una *estructura trinaria resonante* natural análoga a la estructura primordial de control de re-distribuciones energéticas de la Unidad Existencial. Tenemos una estructura *resonante en paralelo* con respecto a Z_1, y una estructura *resonante en serie* a lo largo del hiperanillo ecuatorial $h\Phi$.

Sistema armónico [Sol-Tierra].

La estructura resonante es inherentemente autocontrolada.

El sistema resonante es una unidad binaria de intercambios de cargas entre dos entidades recíprocas. Una entidad es el arreglo TRINITARIO de la Tierra (análogo a un arreglo RLC, resistor, inductor y capacitor de los sistemas resonantes electrónicos, en el sub-espectro electromagnético), y la otra entidad es la fuente de alimentación, Sol, (fuente de energía, fuente de cargas, fuente de potencial continuo que se compone de infinitas componentes temporales, como ya vimos). Este sistema armónico se modula, o se reajusta, por el efecto del resto del sistema solar.

Todos los componentes de un sistema de control pueden ser claramente identificados en la estructura energética de la Tierra, y con ello podemos saber el efecto de nuestras actividades antropogénicas en la estructura de control de re-distribución energética del planeta, en su estabilidad energética y características como estación remota de concepción de vida y desarrollo de consciencia de las unidades de consciencia de la Consciencia Universal, de los seres humanos.

Hipersuperficie de control del estado de sentirse bien del proceso SER HUMANO

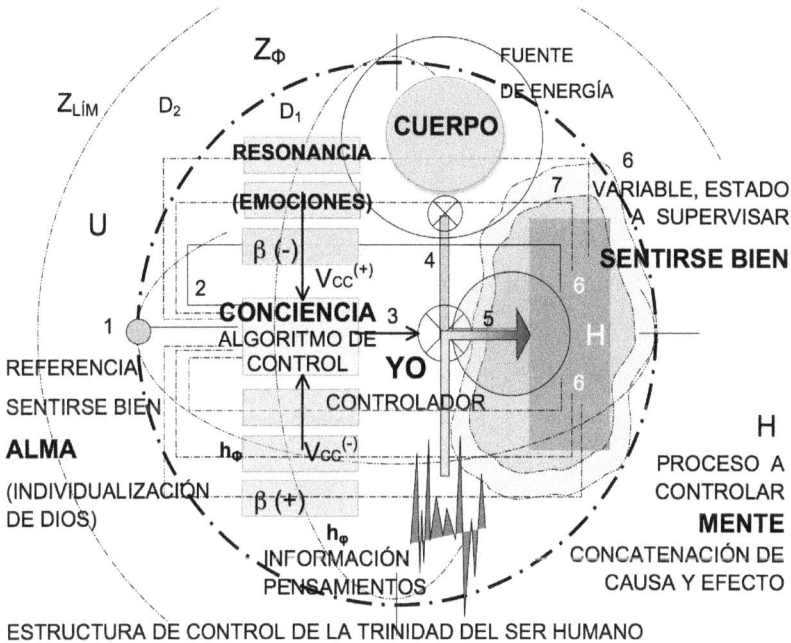

ESTRUCTURA DE CONTROL DE LA TRINIDAD DEL SER HUMANO

Figura XVII.
Estructura de control del proceso consciente de sí mismo SER HUMANO.

Esta estructura es una réplica, a otra escala energética, de la estructura de control e interacción de la TRINIDAD PRIMORDIAL [control de evolución o de re-distribución energética, y de interacciones entre los componentes de la Unidad Binaria de la Consciencia Universal. Una introducción a esta interacción entre el ser humano y Dios se ofrece en la referencia (B).(I).2].

Hipersuperficie ZΦ en la

Estructura de Control Universal

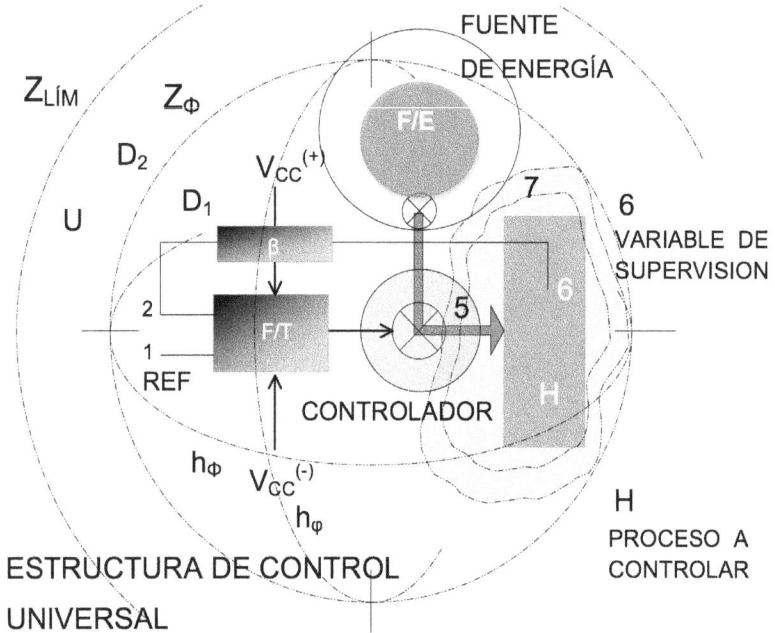

Figura XVIII.

Arreglo de Control Universal.

Control de temperatura de una habitación.

Control de un sistema resonante universal.

La hipersuperficie de convergencia energética Z_1 (análoga a ZΦ) contiene el algoritmo de control e interacción entre la asociación, o entidad energética que contiene, y el resto del universo [Ref.(B).(I).2].

La hipersuperficie de convergencia es la *Membrana Universal* de interacción de la célula energética.

XXIII

hΦ
Hiperanillo de Circulación de ZΦ

Componente fundamental de la estructura de circulación k de la Unidad Existencial U

Sobre el hiperanillo hΦ tiene lugar la distribución primordial del resultado de la convergencia e interacción de los dos sub-dominios D_1 y D_2. La cantidad de asociación material que define al dominio material todo (materia y "materia oscura") es absolutamente constante en todo instante a lo largo de todo el hiperanillo (tomando a éste como hebra de referencia), pero varía la distribución espacial alrededor de este hiperanillo.

El hiperanillo hΦ es la componente fundamental de la estructura de circulación k de la Unidad Existencial U.

Sobre el hiperanillo hΦ reconocemos la relación primordial absolutamente constante de la Unidad Existencial y del proceso de re-distribución de cargas, de la relación a la que conocemos como la constante matemática e, la base de los logaritmos naturales. Ver sección Experiencia de Bernoulli.

XXIV

Caos y Determinismo

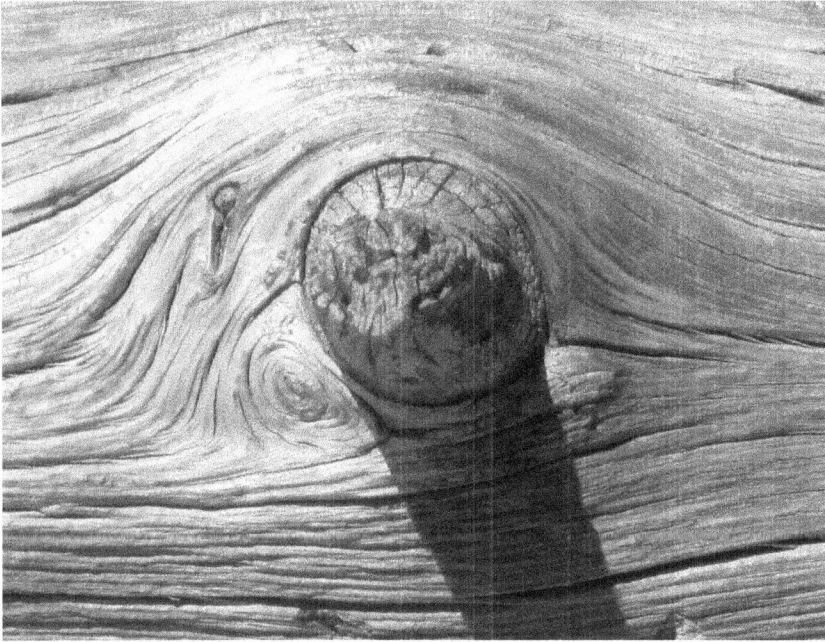

Figura XIX(A).
Entorno de derivación del tronco de un árbol hacia una rama.
Otra confirmación biológica del patrón de re-distribución energética universal.

No hubo jamás caos antes del evento del Big Bang, del fenómeno de la expansión de un "paquete" de energía que dio lugar a la re-creación de nuestro universo.

No hay desorden ni indeterminaciones en el proceso existencial. Todo está perfectamente determinado a nivel global. Todo está perfectamente determinado en la componente "portadora" del proceso existencial, de la FUNCIÓN EXISTENCIAL consciente de sí misma de la que somos unidades inseparables.

La impredecibilidad acerca del curso de un proceso energético se debe a no tener toda la información en cada instante, en cada entorno o ambiente o variable del proceso, particularmente cuando el proceso es altamente sensitivo a pequeños cambios en alguno de sus numerosos componentes; cambios que se van desarrollando a lo largo del proceso, en todos sus niveles energéticos, que no nos permite precisar con certeza qué opción, entre las numerosas posibles, va a tomar una variable dependiente para seguir inexorablemente a la componente fundamental del proceso, que es invariable. Por ejemplo, siempre sigue el invierno al verano, pasando por el otoño. Esto se debe a la componente invariable, a la componente "portadora" del proceso de orbitación de la Tierra frente al Sol, pero hay siempre un camino de proceso, un algoritmo o arreglo de proceso algo diferente de los previos (*no todas las estaciones anuales del planeta son exactamente iguales*) no importa qué tanto se aproximen, pues todos los componentes que forman parte de la componente "portadora", fundamental, van variando de manera diferente, lo que genera siempre una versión final nueva diferente sobre la componente "portadora". La componente "portadora" del proceso estacional anual es la orbitación de la Tierra cuyo eje, su posición frente al Sol, varía; es la variable dependiente del proceso; es la variable que inexorablemente va a conducir al proceso de cambio de posición superficial estacional de la Tierra absolutamente predecible siguiendo una ley senoidal invariable. Pero los elementos que forman parte de la superficie del planeta que rota tienen re-distribuciones individuales diferentes muy sensibles a pequeños cambios locales, y ahora más particularmente sensibles a la actividad humana debido a su magnitud frente al proceso natural, lo que generará siempre una versión algo diferente para cada estación terrestre. A medida que reducimos el entorno del proceso explorado, más incierto es para nosotros porque no podemos precisar las variables que no vemos ya que se nos limita o agota el alcance de nuestros sentidos e instrumentación. Por otra parte, el concentrarse en un entorno nos hace perder de vista el efecto del resto del ambiente sobre él; cuando comenzamos a analizar el comportamiento externo, sus cambios ya han afectado al que estábamos observando.

Con respecto a nuestro universo, y a la búsqueda de una Teoría de Todo, aunque contemos con la configuración de la Unidad Existencial y la estructura energética dentro de ella y el mecanismo de su re-distribución, no necesariamente podremos predecir el comportamiento particular en un entorno dado del universo en un momento dado, pues nunca podemos alcanzar todas las variables involucradas en todo y cada punto, ni de la Unidad Existencial ni del universo, sino dentro de un sub-espectro limitado de masa y velocidad de re-distribución energética del proceso observado. Nuestros sentidos materiales y la instrumentación cubren solo un sub-espectro limitado de las variables del proceso a nivel primordial. Por eso tampoco podemos predecir posiciones de elementos que varían muy rápidamente, como partículas primordiales, pues se mueven con gran rapidez fuera de nuestro alcance y de la instrumentación. Y, por lo que dijimos antes, <u>las predicciones que hacemos las hacemos en base a condiciones, a parámetros de proceso que no podemos precisar sino muy limitadamente</u>.

Veamos para el caso de los comportamientos en el universo que dan lugar a una, y otra teoría, y otra teoría, sin poder consolidarlas coherente, consistentemente.

El contenido del volumen del espacio absoluto de la Unidad Existencial tiene la estructura energética primordial cuya configuración espacial es la que induce y sustenta una re-distribución que rige todo lo que ocurre dentro de ella, que nos permite visualizar todas las interacciones fundamentales globales de la naturaleza que dan lugar a todo lo que observamos en el universo, en todos sus entornos. El funcionamiento global es perfectamente alcanzable y entendible. Este funcionamiento global es al que llamamos componente fundamental o "portador" del proceso existencial. Es el que nos dice que hay un sistema armónico primordial o una estructura resonante, la TRINIDAD PRIMORDIAL, por la que todo oscila continua, incesante, eternamente entre dos estados límites; por el que la estructura energética binaria pasa por ciclos de re-energización, y la estructura de interacciones consciente de sí misma se re-crea indefinida, eternamente, durante esos ciclos de re-energización de los componentes de la Unidad Binaria [Alfa-Omega].

El universo es nuestro universo; es el entorno Alfa de la Unidad Existencial que alcanzamos desde la Tierra con los sentidos y la instrumentación, pero sigue siendo un entorno energético limitado de la Unidad Existencial, un sub-espectro de la FUNCIÓN EXISTENCIAL.

El volumen de la Unidad Existencial es lo que algunos cosmólogos llaman el *espacio absoluto*. Pero este volumen contiene <u>todo lo que es visible</u> del espacio absoluto, es decir, nuestro universo (debido a la presencia de la materia y del tipo de energía que la hace visible), y <u>todo lo que no es visible</u>, el otro universo, Omega, la "materia oscura", la anti-materia o la "energía oscura", de las que nada se sabe cómo intervienen en detalle en cada entorno particular, ni cómo nos afecta a nuestros macro y micro universos; son los componentes invisibles de los que ahora, en este libro, hemos comenzado a visualizar algo más concreto, de sus presencias reales y de sus orígenes cuyos efectos sí experimentamos y no podemos negar.

Luego, aunque contemos con la Unidad Existencial y la configuración energética dentro de ella y el mecanismo de su re-distribución global, no necesariamente podremos predecir el comportamiento particular en un entorno dado del universo en un momento dado, pues nunca podemos alcanzar todas las variables involucradas en todo y cada punto ni de la Unidad Existencial ni del universo, sino dentro de un sub-espectro muy limitado de masa y velocidad de re-distribución energética del proceso observado. U-na vez más, nuestros sentidos materiales y la instrumentación cubren sólo un sub-espectro de las variables primordiales del proceso existencial; variables de las que reconocemos numerosas versiones locales que no hemos podido relacionar adecuadamente hasta hoy, aunque ahora tenemos una orientación para comenzar a hacerlo, a consolidarlas.

Aunque no se puede predecir el comportamiento particular en todos los entornos del proceso existencial, ni controlar el proceso natural para cambiar el resultado natural, la Teoría de Todo, o quizás sea mejor decir la Teoría Unificada, nos permite entender globalmente el proceso existencial y predecir con precisión los resultados de los procesos sólo en nuestro limitado sub-espectro del proceso existencial cubierto por los sentidos, y no necesariamente el sub-espectro cubierto por la instrumentación, pues si bien los super telescopios nos permiten llegar a detectar y discriminar mejor la presencia no visible al ojo humano, sin embargo, lo observado no está en tiempo real; y si bien los super microscopios nos permiten observar detalles más pequeños, sin embargo, nunca pueden seguir los movimientos de los electrones, y mucho menos de las partículas primordiales que son más rápidas que el electrón.

No obstante, y sumamente importante para nuestra experiencia de vida diaria, es que una vez que hayamos entendido el proceso existencial global entenderemos la razón de nuestras limitaciones.

Nada ocurre al azar.

Todo sigue un proceso absoluta, perfectamente determinado, pero la cantidad de componentes hace absolutamente imposible a escala humana identificar todos los componentes en cada instante y precisar todas las variables locales en cada estado inicial que se explora.

Podemos precisar un comportamiento en tiempo no real, sin embargo, no podemos seguirlo en tiempo real. ¿Por qué? Porque al modelarlo ya estamos cambiando la dimensión de

tiempo sobre la que se modela el proceso real; se cambia a una escala de tiempo que nos permite seguir en el modelo a un proceso que no podemos seguir en tiempo real.

El *determinismo* (*"si se conoce el estado actual del mundo con total precisión se puede predecir cualquier evento en el futuro"*) no es posible sino en el proceso existencial global, y en un sub-espectro de opciones reducidas y conocidas (recordar que nuestro mundo en la Tierra también depende del resto del sistema solar); y la *teoría del caos* (*el resultado de algo depende de muchas variables cuyos estados iniciales y variaciones no pueden predecirse*) es parte inseparable del proceso existencial de numerosas variables relativas. Ambos son estimulaciones naturales para la generación de experiencias que promueven la actividad racional para el desarrollo de consciencia, de entendimiento del proceso existencial, por una parte, y para el ejercicio del poder de creación y entretenimiento, por otro lado, pues la existencia es eterna y no hay nada más sino... vivir eternamente.

Aunque vivimos en un proceso global perfectamente determinado, nuestro entorno existencial no es predecible instante a instante, y nos afectará si nos lo permitimos, si nos dejamos afectar por lo que lo hace así naturalmente. Los cambios que se generan en otro entorno existencial afectan al entorno en el que estamos (es por el Principio de Armonía; matemáticamente se ve muy claro en las Series de Fourier). Es parte del proceso natural pues el proceso es uno solo. Si algo cambia, todo el resto se re-ajusta; todo. Podemos cambiar nuestras experiencias del proceso existencial si cambiamos nuestras actitudes mentales con respecto a lo que ocurre. Podemos cambiar nuestras experiencias, si lo deseamos y hacemos lo que tenemos que hacer [Refs.(A).1, (B).(I).2 y (C).1]. Al entrar en armonía con la estructura que rige el proceso existencial todo, dejamos de tener "malas" experiencias, las que sólo tienen lugar en el entorno de realidad relativa.

XXV

Cosmología

Ciencia y Teología

Cosmología es el estudio científico del universo como una unidad.

El Modelo Cosmológico Standard de la NASA es la modelación racional, matemática, de la evolución espacial y temporal del universo, nuestro universo, a partir de su origen desde el "paquete" de energía presente y disponible sobre el que tuvo lugar el fenómeno Big Bang, de su expansión en progreso, y de la predicción de su final.

Conforme a la interpretación prevalente de la información energética universal, se cree que el estado final de la expansión es un estado energético irreversible carente de vida.

Hay un espacio que permite la expansión de nuestro universo, que la ciencia tiene en cuenta como *energía oscura y anti-materia*. Pues ese mismo espacio contiene algo más y que en teología se toma como *dominio espiritual*, que no es sino otro dominio energético con una estructura a la que hoy podemos ingresar con nuestra mente, desde la Tierra, sin tener que dejar esta manifestación de vida. Considerando el modelo cosmológico incluyendo el dominio espiritual, al que energéticamente nos referiremos como *dominio energético primordial*, es lo que constituye el *Modelo Cosmológico Consolidado Científico-Teológico*.

Energética, científicamente, nos interesa el <u>dominio primordial, espiritual</u>, porque sobre él es que se originó nuestro universo, sobre él se expandió, y sobre él es que continúa

expandiéndose.

Espiritual, teológicamente, nos interesa porque sobre ese dominio primordial es que se desarrolla el dominio material del que nuestro universo es parte; es el dominio que junto con el nuestro, ambos inseparables, interactúan para sustentar la consciencia de la Unidad Existencial, de la <u>unidad establecida y definida por ambos dominios energéticos</u>; es el dominio que contiene la dimensión de consciencia hacia la que evolucionamos, la que llamamos DIOS. DIOS y el ser humano tenemos una estructura trinitaria sobre la que se establece y sustenta el proceso consciente de sí mismo, en las dimensiones *Madre/Padre* (Dios) e *Hijo* (ser humano). Dios y ser humano somos siempre una estructura de asociación de sustancia primordial en tres dimensiones que conforman una trinidad: *alma-mente-cuerpo.* **Materia es componente inseparable de la estructura de proceso consciente de sí mismo, ya sea a nivel DIOS, Dios, o a nivel ser humano**.

Filosofía es la exploración del proceso existencial y nuestra relación con él a través del raciocinio, de la mente.

Filosofía es la disciplina del proceso racional del ser que se reconoce a sí mismo y se busca a sí mismo, a su origen, independientemente de las condiciones locales y temporales del ambiente, del entorno existencial en las que el ser se halle manifestado. Buscarse a sí mismo en estas condiciones es buscarse a sí mismo en la infinidad, en la eternidad, aunque inicialmente no se reconozca de esta manera o con este alcance.

Buscarse a sí mismo con el alcance antes indicado es buscar la Verdad, la Realidad Absoluta.

Verdad, Realidad Absoluta, es eternidad pues *"nada puede ser creado de la nada".*

Nuestra interpretación del proceso existencial depende de nuestro reconocimiento de ser eterno o no.

Nuestras interpretaciones de la Verdad, de la Realidad Absoluta, son nuestras realidades aparentes, las que dependen de los parámetros locales de tiempo, de las componentes que conforman la eternidad como vimos en la descripción matemática de la eternidad.

Si no creemos en la eternidad, debemos dejar este libro, ya, en este instante, pues nada será realmente entendido jamás mientras se niegue o ignore la Verdad: somos eternos, y todo lo que nos rodea son manifestaciones temporales de un proceso eterno consciente de sí mismo del que somos partes inseparables.

Filosofía es el estudio de la naturaleza del conocimiento, de la existencia y de la realidad existencial.

Filosofía es el estudio de la Verdad, del Origen Absoluto de Todo; además, es el estudio particular de la consciencia humana como parte de la Consciencia Universal.

Luego, filosofía tiene la orientación correcta del proceso racional para desarrollar consciencia de Quiénes somos y del proceso existencial del que provenimos y somos partes inseparables, inescapables, cuando reconoce que el Origen Absoluto es eterno.

Filosofía es el estudio de Dios como Origen Absoluto, una Presencia Eterna, no un Creador Absoluto. Todo lo que observamos y experimentamos es parte de la Realidad Absoluta, de la Verdad, de una Presencia Eterna.

Ciencia es la exploración del proceso existencial a través de la observación en nuestro dominio material.

Ciencia es el conjunto de información existencial conformando las estructuras de conocimiento, de relaciones causas y efectos de la fenomenología energética en nuestro dominio material, temporal, obtenido por la observación sistemática de las estructuras energéticas y sus comportamientos; es la replicación, la práctica del conocimiento obtenido, por la que desarrollamos las creaciones de aplicaciones para la especie humana por las que ejercemos el poder de creación inherente a la especie.

La limitación de la Ciencia para llegar a la Verdad es obvia.

Por definición, por propia creación humana, Ciencia se limita a nuestro dominio material de la existencia, al dominio alcanzado por los sentidos y la instrumentación que no deja de ser solo una extensión de los sentidos.

Teología es el estudio de la relación entre el ser humano y Dios, Creador del universo y de todo lo que hay dentro de él. Si es así, obviamente Dios está en el dominio primordial, de manera que teología es una versión de filosofía.

Teología es el estudio de la naturaleza de Dios, de un Creador del universo y del ser humano. Pero lo hace como un Creador disociado de la materialidad del universo y de la especie humana que creó.

Teología le asigna a Dios una versión o interpretación de inmaterialidad que contradice el principio absoluto de la existencia:

"Existencia es sustancia primordial y movimiento, ambos inseparables".

La existencia absoluta es de naturaleza binaria (implícita en el modelo espacio-tiempo de nuestro universo).

No puede haber movimiento sino de algo que se mueva, luego inmaterialidad no es sino una materialidad a un nivel indiscriminable, indetectable por los sentidos del ser humano, pero nunca deja de ser sustancia primordial, materia a otro nivel. (La sustancia primordial se asocia por un mecanismo simple que ahora está a nuestro alcance, y forma las partículas primordiales, y las asociaciones de éstas forman las diferentes clases de materia. Materia es simplemente asociación visible, detectable, manipulable, de sustancia primordial).

Una vez revisado los alcances de filosofía, ciencia y teología, consolidando en ambos dominios de la Unidad Existencial las observaciones y experiencias científicas en el dominio material, por una parte, y las exploraciones racionales, filosóficas o teológicas, en el dominio primordial, por otra parte, podemos re-definir teología como el estudio de la interacción particular individual, íntima, entre el proceso SER HUMANO y el proceso ORIGEN del que proviene, ambos inseparables, partes de la Consciencia Universal, en relación a la experiencia del proceso existencial por parte del ser humano.

Por lo antes dicho, la Verdad, Origen Absoluto de Todo, nuestro origen y origen del universo, se alcanzan por filosofía; o, para no desestimular a quienes creen que deben ser filósofos según la formación como tales en esta civilización, diremos que se alcanza por una consolidación de los procesos racionales orientados por Teología y Ciencia, y no sólo no necesitamos nuestras matemáticas para alcanzar la verdad acerca del universo, sino que no podemos describirlo adecuadamente por medio de ellas.

Espiritualidad es la vivencia por los sentimientos primordiales: *infinidad* (o eternidad) y *amor* (somos UNO, inseparablemente).

¿Necesitamos nuestras matemáticas para reconocer la Unidad Existencial y la relación primordial con nuestro universo?

No. ¿Acaso hemos podido alcanzar la configuración del universo y consolidar las Leyes Universales con nuestras matemáticas?

Para llegar a la Verdad sólo se necesita seguir un proceso racional siguiendo orientaciones primordiales.

Matemática es sólo un lenguaje para describir la relación causa y efecto entre lo que se reconoce, observa o experimenta, y la fuente. Reconocimiento, observación o experiencia, preceden al proceso racional para establecer la relación causa y efecto.

Si deseamos entender y describir el funcionamiento del universo antes tenemos que reconocer su origen. No vamos a llegar al origen por las descripciones de los fenómenos locales temporales en nuestro entorno, en nuestro universo.

Nuestras matemáticas sólo tienen validez en nuestro entorno del universo, en el sistema solar; y en alguna limitada medida, en la galaxia en la que estamos.

Nuestra ciencia describe las relaciones causa y efecto relativas a una referencia energética, a una dimensión local del manto energético absoluto (dimensión local que a su vez es componente temporal en otra dimensión de tiempo que no se

ha alcanzado a reconocer).

Nuestro espacio es función del tiempo, pero el tiempo evoluciona.

¿Qué no evoluciona? ¿Qué es constante en el proceso existencial del que el proceso UNIVERSO es parte?

Nada es constante en el proceso existencial, excepto la consciencia de sí misma del proceso existencial. No obstante, la consciencia no reside sólo en nuestro entorno, aunque la accedemos desde nuestro entorno, desde donde estemos en nuestro universo, por un mecanismo al alcance del ser humano.

En cambio, sí hay algo material constante, absoluta, eternamente, y está a nuestro alcance reconocerlo y entenderlo, en el Modelo Cosmológico Consolidado Científico-Teológico[a].

La cantidad total de sustancia primordial es constante.

La cantidad total de asociación de sustancia primordial (la materia y "materia oscura") es constante.

Es constante la variación total de cargas de los dos sub-dominios de asociaciones de sustancia primordial cuya convergencia e interacción originan el dominio material. La relación entre estos dos sub-dominios es la constante matemática $\underline{e}$, la base de los logaritmos naturales.

Son constantes en la Unidad Existencial las cantidades totales de átomos y de moléculas de vida, de moléculas ADN que se recrean en un planeta determinado, bajo condiciones particulares, por una estimulación que se transfiere por un mecanismo al alcance del ser humano.

---

[a]
¿Dónde encontramos el *Modelo Cosmológico Consolidado Científico-Teológico*? Pues, es lo que estamos describiendo y participando por medio de este libro y aquéllos que cubren las interacciones conscientes individuales, íntimas, de los seres humanos con Dios (los libros del Apéndice a los que nos hemos referido).

XXVI

La Constante Matemática e

Reconocimiento a través de una aplicación para el mercado de dinero

La información esencial para la generación de infinitas versiones de la *función primordial* [función exponencial cuya base es la constante e (2.718...)] por las que se rigen los procesos de evolución del universo y de todo lo que hay en él, y las interacciones para el desarrollo de consciencia de las manifestaciones de vida superiores, está en una aplicación muy mundana, de nuestra vida diaria.

Vamos a ver algo de interés de todos.

Todos deseamos ser felices, saludables, amados, financieramente solventes, y prósperos.

Trabajar e invertir dinero es parte inseparable de nuestra vida.

Ahora bien.

El dinero es solamente un medio de intercambio; el dinero representa una cantidad de energía puesta en juego, una cantidad de trabajo hecho por seres humanos (quienes somos un proceso energético consciente de sí mismo) que se intercambia por productos que son, a su vez, fruto del trabajo de otros seres humanos.

Y, precisamente, el deseo de obtener la mayor ganancia posible por el dinero puesto a trabajar en el mercado de dinero es lo que llevó, hace más de trescientos años, a solicitar la ayuda de un matemático para encontrar la fórmula por la cual regir las inversiones y prestaciones de dinero para obtener el mayor beneficio posible.

No vamos a entrar en los detalles matemáticos, pero necesitamos revisar aspectos de la expresión matemática, muy simple. La razón es que esta expresión conduce a la constante matemática e (cuyo valor es 2.718...) que es, nada más y nada menos que la base de la *función exponencial primordial* por la que se rigen las re-distribuciones energéticas del universo, de la Unidad Existencial y de las manifestaciones de vida, todas.

Para todos, la *función exponencial* simple más destacada es la de una espiral logarítmica cuya graficación, y realidad, es un caracol; es la distribución espacial de una galaxia. Entre sus infinitas versiones tenemos la función de carga o descarga de un capacitor, o de una batería; la función de cambio de temperatura; y las funciones de evolución de toda célula energética, del Sol, del universo, de todo lo que es, de todo lo que existe.

Aquí, simplemente veremos que,

los mismos elementos reales del proceso energético universal están representados análogamente en esta aplicación para el mercado de dinero.

¡ATENCIÓN!

Quienes no deseen revisar los aspectos primordiales de esta constante e, base de la fórmula para el cálculo de interés compuesto en las inversiones de dinero, pueden pasar a la próxima parte del libro. No obstante, darle un vistazo a este tópico puede resultar en el alcance o visualización de algo realmente nuevo.

Lo importante de esta sección, a través de esta extraordinaria analogía mundana, es que el reconocimiento y entendimiento de la información fundamental del proceso existencial está al alcance de todos quienes tienen interés. Todo está disponible para todos, pero hay exploraciones racionales que hacer en otro dominio energético, las que no pueden iniciarse sin seguir las orientaciones primordiales que siempre están al alcance de todos.

La revisión tiene por objetivo estimular el reconocimiento de los dos dominios energéticos que intervienen en una interacción descripta por una expresión matemática de la forma siguiente (ver más adelante la expresión más formal),

k = [1 + 1/1 + 1/2 + 1/6 + 1/24 + 1/120 + ...]

Un dominio es dado por la suma, por la integración de elementos a partir del 1 en el numerador del primer término.

El otro dominio es dado por la división a partir del 1 en el denominador del primer término para obtener los términos (1/1), (1/2), (1/6), (1/24) ... que luego se integran como se indica arriba.

Para la Ciencia.

Con respecto a esta serie ver NOTAS PARA LA CIENCIA al final de esta sección.

k es una unidad binaria; es el cambio de circulación en la *unidad de circulación primordial* que se genera por un cambio en los dos dominios energéticos cuya convergencia definen la *unidad de circulación primordial*.

El cambio de circulación de la unidad, del hiperanillo de circulación, tiene lugar por una función exponencial cuya base es e, el cambio en la *unidad de circulación primordial* (ese cambio es el valor límite de k expresado arriba).

Reconocimiento de la naturaleza energética de la constante matemática e en la aplicación desarrollada para el cálculo de Interés Compuesto.

La primera versión de la constante matemática e fue desarrollada por Jacob Bernoulli, matemático suizo (1654-1705).

Analogías entre mercado de dinero y manto energético universal.

Se necesita ser un poco repetitivo en el establecimiento de las analogías entre elementos del mercado de dinero y el "mercado" o proceso universal, pero se justifica dadas las diferencias entre ambos. Y veremos que a menudo nos confundimos con diferentes nombres que quieren decir lo mismo.

En la aplicación desarrollada para el cálculo del interés compuesto, el mercado de dinero M (o mercado de trabajo) es análogo al manto del espacio energético universal U que tiene dos _subdominios de disociación y asociación_: los sub-dominios D_1 y D_2 [de asociación y disociación de sustancia [dinero; INVERSIONISTAS (D1) y Circulante (D_2)], y su efecto en una partícula de prueba o célula energética (Principal)].

Ver Figura XIX(B), en la página siguiente.

Enfatizamos que,

los sub-dominios del mercado de trabajo M, sus sub-dominios de unidades de circulación o de dinero, son:

- Una cantidad determinada, una asociación de dinero de los INVERSIONISTAS; y
- El dinero Circulante,
  todo el dinero "suelto", libre para trabajar, que es generado en el mercado de trabajo.

Dinero es la _energía_ de este mercado de trabajo M, mercado de movimiento que es análogo al _manto energético de fluído primordial del universo_.

Las unidades de dinero son las unidades virtuales que representan la asociación de las unidades de trabajo del mercado de trabajo M, tal como en el universo las partículas son asociación de sustancia primordial, o de unidades de carga primordial que tienen energía.

El mercado de trabajo M tiene un *potencial* inherente dado por la *cantidad de movimiento*, por la cantidad total de unidades de circulación; por la suma del dinero Circulante y el de los INVER-SIONISTAS.

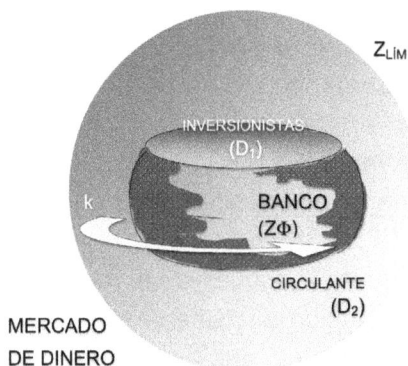

Figura XIX(B).

Esta cantidad de movimiento genera una *presión* en el manto energético, en el mercado de dinero (en el manto análogo al manto universal de unidades de circulación y de pulsación).

El principal P es un entorno, una cantidad de asociación, *una unidad de circulación* de dinero que interactúa con ambos sub-dominios: con el sub-dominio D_2 de unidades de circulación (C), de unidades de dinero "suelto" del mercado de dinero M, del manto energético, y con el sub-dominio D_1 de INVERSIONISTAS.

Inversionistas y trabajadores (que generan el Circulante) son los dos sub-dominios del mercado de trabajo M, y Principal es una unidad de circulación que interactúa con esos dos sub-dominios.

El Principal se encuentra en la "membrana" de separación entre esos dos sub-dominios: el Banco.

El Banco es análogo a ZΦ de la Unidad Existencial, y el Principal es una cantidad dada de la circulación k del Banco.

El principal P es una estructura de circulación de dinero que desde el dominio de INVERSIONISTAS pasa por el Banco y va al dominio de Circulante por un período de tiempo, y luego regresa a través del Banco al dominio de INVERSIONISTAS.

Esta interacción tiene lugar sobre el Banco, sobre la membrana de interacción entre los dos sub-dominios.

La circulación que nos interesa tiene lugar en el Banco, en la membrana de circulación k. El dinero pasa de un dominio a otro y regresa, pero la circulación medible, ponderable, está en el Banco.

El principal P, el dinero a prestar, a introducir en el mercado de trabajo M, es la estructura de circulación que una vez inmersa en el mercado de trabajo ha de ganar interés, que acumulará "masa" (el interés I) integrando, sumando interés; sumando unidades de movimiento o elementos de circulación durante un cierto tiempo de inmersión, de interacción, o de adquisición de "masa" (de interés).

Hay un interés (I) disponible, el que se propone o el que se está dispuesto a pagar.

El *interés I es el volumen disponible* del circulante C en el manto del mercado de trabajo M (el manto de dinero) para asociarse a nuestra estructura de circulación (principal P), la que habrá de adquirir una "masa" que es, precisamente, ese interés (I) disponible.

La circulación del Banco, al final del período de interacción, será el Principal (P) más el interés (I) ganado durante la interacción.

La presión disponible en el manto es resultado de la re-distribución del mercado de trabajo frente a la introducción del Principal; el mercado M libera dinero (interés) que habrá de asociarse a la estructura de circulación, el principal (P).

La *cantidad de proceso para la re-distribución del mercado que origina ese volumen disponible* representado por el interés (I), es el período de proceso T=1, período de interacción entre principal (P) y el manto o mercado de dinero.

La cantidad de proceso es el período T, que usualmente es un año, durante el cual el Principal gana interés.

El Banco es la estructura de supervisión y control de adquisición de "masa" o interés por parte del principal (P).

No perder de vista que,

el Banco es la "estructura energética de la hipersuperficie de convergencia" de los dos sub-dominios de dinero: el del mercado, y el inversionista; el mercado cede el interés (I) al final del período de interacción T, que se suma sobre el Banco a lo que cedió el inversionista al principio del período T, el principal (P), para interactuar, para trabajar en el mercado.

El Banco tiene una cantidad k de circulación propia. Tomamos como UNO a la cantidad de circulación que tiene inicialmente, que ya veremos enseguida, que al inicio del período es igual al Principal (P), y al final será igual al Principal (P) más interés (I).

Dentro del Banco está la asociación de dinero (INVERSIONISTAS) que se va a disociar, derivar hacia el mercado de trabajo; fuera del Banco está el mercado de trabajo M que tiene el Circulante del que se va a asociar un Interés (I) al Principal (P).

El ingreso de una cantidad, el Principal (P), al mercado de trabajo M desde INVERSIONISTAS, y el retorno del Principal (P) a INVERSIONISTAS desde la Circulación del mercado M, a través del Banco, de la "membrana" de intercambio, de interacción luego de un período T de interacción, genera una cantidad (I), interés, que se suma a la circulación inicial del Banco [circulación que es igual al Principal (P) en este caso simple]. Es decir, esta interacción entre INVERSIONISTAS y Circulación en M cambia la circulación k propia del Banco, de la "hipersuperficie de convergencia o membrana de interaccio-

nes Mercado-Inversionistas". El cambio, como veremos, será de UNO al valor e; de 1 a 2.718...

El ser humano en el Banco define y ejecuta el algoritmo de supervisión y control del proceso de adquisición de "masa" o interés [de la asociación de la cantidad (I) al principal (P)]; proceso que se supervisa y controla sobre la "circulación" análoga que tiene lugar en el Banco (representada por el papeleo).

Enfatizando las palabras usadas en matemáticas,

tenemos una "derivación", una disociación o cesión de dinero desde INVERSIONISTAS, que se suma, se "integra" al mercado M, y luego el proceso inverso. Todo a través del Banco, la "membrana" con la estructura de proceso y el algoritmo dado por el ser humano (el algoritmo es la fórmula matemática de la serie cuyo valor límite es e, a la que revisaremos rápidamente en el apartado siguiente); el ser humano en el Banco es el "supervisor" del proceso de interacción que tiene lugar a través de él, del Banco. El ser humano es la mente del "cuerpo" Banco.

NOTA PARA LA CIENCIA.

Para visualizar el sistema de control de este proceso, notar que la inteligencia del proceso reside en $Z\Phi$, en el ser humano que es parte del Banco. La referencia es P, el principal. El resultado del proceso es (P.e); aquí será e pues P=1. La realimentación del proceso resulta ser igual pero de signo contrario al algoritmo de proceso; es el interés (I), es decir, la serie que resulta en e está en el algoritmo de proceso y en la realimentación del proceso.

El principal P y el circulante C del mercado de dinero M son dos estructuras de dinero, son dos estructuras de asociación o de cantidad de dinero (que energéticamente es análoga a la cantidad de unidades de circulación) con diferentes rapideces de re-distribución.

Todo se re-distribuye en un período de proceso T (usualmente un año) o en otros períodos que pueden ser n sub-períodos de T, como ya veremos.

Consideramos dos casos de integración o adquisición de "masa", de interés (I). Son los dos casos más simples ya que el propósito de esta sección no es la aplicación de interés compuesto en sí sino su analogía con el proceso energético universal. Esta presentación no intenta ser rigurosa matemáticamente. El tema es sumamente confuso cuando se busca la naturaleza energética de la constante matemática e, y sólo se desea dar una idea de esa naturaleza a través de una aplicación de interés de muchos.

La constante matemática e es el valor resultante de las interacciones entre dos hebras energéticas representadas por una "hebra" o serie matemática de naturaleza binaria (de dos componentes, dos hebras).

Proceso de adquisición de "masa", interés de dinero.

- **Caso (A).**

El interés (I) es fijo.

Tomemos una cantidad de principal (P) igual a UNO (1) y un interés igual al 100% del principal a ganar en un período T=1.

Entonces,

el principal (P), la estructura de circulación de adquisición de "masa", gana o integra una cantidad de dinero, un interés, igual a UNO [100% del principal, (P)=UNO (1)] en un período de proceso T=1 de interacción con el mercado M de dinero que tiene un volumen de dinero, de unidades de circulación disponibles.

El tiempo de proceso de integración del interés (I) al principal (P) es insignificante, pero tiene lugar después de completarse el tiempo T=1 de interacción con el mercado de dinero. [El tiempo de "derivación", o de la inserción del principal (P) en el mercado M, también es considerado despreciable por ahora].

Por lo tanto,

al final del proceso de integración, al final del período T=1, tenemos que el interés ganado o integrado al principal es uno (1), el

---

100% del principal UNO.

Es decir,

Principal inicial es $P_i = 1$;

Principal total al final de T=1 es $P_f = (P_i) + (I) = (1+1) = 2$

El Banco, y por ende los inversionistas, ganaron una cantidad UNO del dinero circulante propio (k), que sumada a la cantidad inicial UNO hace una cantidad de circulación propia igual a 2 al final del período de trabajo, de prestación del dinero.

El período T=1 es el período que necesita el mercado de trabajo para re-distribuírse (trabajar) y ceder ese interés (I) [igual a UNO, igual al principal (P) en este ejemplo normalizado a UNO (1)].

Una vez más,

la estructura a través de la que se genera este intercambio es la hipersuperficie de convergencia del proceso de re-distribuciones, que es el Banco, supervisada por un ser humano.

Implícitamente, el período de derivación del principal desde el inversionista al mercado es despreciable, o el período de proceso T puede ser considerado de dos sub-períodos: uno de derivación, otro de integración, que no se especifican aquí, pero esta falta de especificación no le quita validez a una consideración de dos sub-períodos. Obviamente, que sean iguales, o no, no tiene importancia en este momento, pero hay dos sub-períodos. Podemos considerar que el sub-período para la inmersión del principal (P) al mercado M es pequeño mientras que el tiempo de re-distribución del mercado de trabajo, de dinero, es el que toma todo el período de interacción, como es en la realidad. Veamos por qué es importante esto en el caso (B).

▪ **Caso (B).**

Tenemos los mismos valores de principal (P) e interés (I).

Sin embargo, ahora el proceso de integración de interés (I), de integración de "masa" al principal (P), está dividido en n̲ sub-períodos del período T=1 de interacción entre el principal (P) y el mercado M de dinero, y este número n̲ de sub-ciclos tiende a infinito, es decir, (n→∞).

Ahora se maximizará el interés ganado al final del período T=1 que se ha dividido en n sub-ciclos de integración. Veamos.

En cada sub-ciclo de tiempo (1/n) del período T se integra al principal (P) una cantidad (1/n) del interés (I) disponible; luego, para el próximo sub-ciclo el principal es mayor.

Por ejemplo, si hemos dividido el período anual T=1 en doce períodos mensuales (12), al final de cada mes de proceso de inversión se le suma al principal (P) una cantidad cada vez menor del interés disponible; y la nueva cantidad se procesa en el mercado de dinero por otro mes, por otro sub-ciclo de tiempo (1/12).

¡ATENCIÓN!

Veremos que la cantidad de interés disponible decrece (1/12) a partir del valor inicial, disminución que no es aparente en la fórmula que veremos, sino hasta considerar la multiplicación dada por el exponente n̲ de la expresión matemática (que hace que al multiplicar números menores que UNO nos dé un número menor en cada multiplicación sucesiva).

En cada sub-ciclo (1/n) se "deriva" dinero, o se inserta el principal al manto de trabajo, y se integra dinero desde el manto al principal. Hay dos procesos que tienen lugar simultáneamente en el caso del universo, y en dos sub-períodos en cada sub-ciclo (1/n) en el caso del mercado de dinero: uno de derivación y otro de integración.

En cada sub-ciclo (1/n), el numerador 1 de esta expresión es el período T normalizado a UNO (1).

El interés disponible es dado por la presión del mercado (manto energético de unidades de circulación, de dinero); el interés sigue siendo UNO (1) para el período de interacción T=1 de n̲ sub-ciclos.

Ya conocemos el resultado final del principal (P) en esta interacción (el resultado fue 2 en el caso simple anterior);

el nuevo resultado es 2.718..., la constante matemática e, el valor límite de la *hebra energética*, de la serie [c] que veremos en el apartado siguiente.

Veamos el intercambio entre principal (P) y mercado M, intercambio cuyo resultado neto es el de principal inicial más el interés total en el período T de (1/n) sub-ciclos de dos componentes: derivación e integración.

El interés disponible inicial es (1);

es el inicial disponible para el período T=1 de re-distribución del mercado; y sigue siendo UNO (1) en todo el proceso, pero <u>su integración neta va disminuyendo</u> a medida que tiene lugar la secuencia de interacción de n sub-períodos de T. <u>Lo que cambia es la frecuencia de interacción (integración y derivación) entre INVERSIONISTAS y Circulante [de 1 a n]</u>, a través de la "membrana" de control de interacción, el Banco. Ya lo veremos enseguida en la expresión matemática.

Veamos.

A medida que crece el principal (P) por interés en cada sub-ciclo, el interés disponible para cada sub-ciclo no decrece, sigue siendo UNO (1), <u>es el numerador en los términos de la serie matemática</u> [a] del apartado siguiente; sin embargo, a medida que aumenta la rapidez del proceso de interacción en el mercado de dinero en cada sub-ciclo n̲ en relación al período T=1 cuando se incrementa a n̲, aunque el interés (I) disponible sigue siendo UNO (1), <u>la integración del interés ganado es una cantidad decreciente</u>, y esto es porque de la cantidad UNO (1) de interés (I) disponible se integra una cantidad (1/n) para cada sub-ciclo, cantidad que tiende a cero para un número muy grande de sub-ciclos, es decir, cuando ($n \rightarrow \infty$).

La integración (dada por la suma de términos en la serie que veremos) llega a un límite determinado por la capacidad de derivar del manto, del mercado; capacidad dada por la cantidad (1/n) que puede derivar, que es nula para $n \rightarrow \infty$.

El límite e es dado por la capacidad del mercado de trabajo, del mercado de dinero; del manto energético universal en
el caso del hiperespacio de existencia. El límite es inherente
al manto energético; el manto no puede "derivar" más, no
puede dividir más rápido de lo que integra o suma.
¡ATENCIÓN!
La limitación en derivar se impuso al fijar n sub-períodos del período T.
Veamos algo más, conceptualmente, antes de ir a la expresión
matemática, a la "hebra" o serie matemática.
El interés (I) es lo que puede ceder el mercado en un período
T=1, pero en cada sub-ciclo n cede (T/n) [en este caso (1/n) dado
que T=1].
Cuando crece el número n de sub-ciclos, **el interés disponible**
por el mercado en todo el período T=1 es el mismo, pero el efecto
final va reduciéndose a medida que crece el número de sub-ciclos
porque las rapideces de derivación (1/n) e integración (la suma en
la serie) se hacen iguales. Lo que se deriva es igual a lo que se
integra; no hay más ganancia; se ha alcanzado la división límite
en ambos sub-dominios de dinero (sub-dominios energéticos).
**Las rapideces las dan los gradientes, las cantidades dife-
renciales entre el resultado de las divisiones (1/n) y las su-
mas de la serie Σ (que veremos en el próximo apartado).**
El algoritmo de proceso de interacción es impuesto por la hipersuperficie de convergencia. La hipersuperficie de convergencia
integra lo que el INVERSIONISTA le entrega en una dimensión
(un "paquete", el Principal) que deriva al mercado de trabajo; luego, integra lo que mercado de trabajo deriva: el principal (P) y el
interés (I). Esa integración es lo que se suma al principal (P) del
inversionista. El inversionista está a un lado de la "membrana", y
el mercado de trabajo en el otro lado. [Si la membrana fuera una
hiperesfera, el inversionista, de mayor densidad de asociación,
está dentro de la hipersuperficie ZΦ, Figura XIX(B), y el mercado
de trabajo está fuera de ella pues tiene menor densidad de asociación de unidades de circulación, de dinero].

Obviamente, en el caso práctico, real, de un Banco, no tendremos infinitos sub-períodos que son limitados por la practicidad de mover el dinero para colocarlo en el mercado e integrar el interés en tiempos infinitesimales; es un caso límite, de convergencia, al que se aproximan las interacciones reales entre estructuras energéticas en el hiperespacio energético de infinitas unidades de circulación en diferentes dimensiones de infinidad.

La imposibilidad de tener un proceso práctico en nuestro dominio material con infinitos sub-períodos debe servirnos para visualizar lo mismo, aunque en otro orden de infinidad, en el proceso real de sub-dividir en partículas elementales las asociaciones de átomos o de sus componentes.

El proceso supervisado y controlado por el Banco, por el ser humano en el Banco, puede ser muy material, de dinero, muy de este dominio material de la existencia en el que nos hallamos inmersos, pero tiene componentes que son primordiales y que hacen de ésta una aplicación absolutamente análoga al proceso primordial de adquisición de masa, o de "cargas" de las asociaciones de sustancia de la que todo se genera, la sustancia primordial.

"Hebra", serie matemática cuyo valor límite es e.

Recordemos que el Banco, análogo a la hipersuperfice de convergencia, y el ser humano, el algoritmo de control dentro de él, realizan las funciones de supervisión y control del proceso de intercambio de dinero, de unidades de movimiento del mercado de trabajo; funciones que son inherentes a la hipersuperficie $Z\Phi$ en la Unidad Existencial y en todas las nuclearizaciones universales, incluyendo a la Tierra.

Siempre tengamos en cuenta que,

la *integración de dinero* al principal se hace a expensas de la *derivación desde el manto*, desde el mercado de trabajo que produce, genera y libera dinero; tenemos siempre dos sub-dominios de asociaciones de dinero con diferentes constantes de tiempo o rapideces de re-distribución.

Cuando representamos el proceso de derivación e integración con la serie matemática siguiente[a],

e = Lím (n→∞) de {∑ (1/0! + 1/1! + 1/2! +1/3! + ...)}   [a]

e = Lím (n→∞) de {∑ [1/(1) + 1/(1) + 1/(2) + ...]}   [b]

un dominio, el de integración, es dado por la operación de suma, y el otro, el de derivación, es dado por (1/1n!).

El límite es por la rapidez de la interacción que crece hasta que se alcanza la <u>integración límite que corresponde a la máxima derivación (1/n) en el período T</u> (lo que hace que en el hiperespacio energético la rapidez diferencial entre integración y derivación sea nula para n→∞).

Si expresamos a la serie de la siguiente forma,

e = Lím (n→∞) de (1+1/n)^n [c]

el primer <u>1</u> es el *principal*, y el segundo <u>1</u> es el *interés disponible*, que no cambia, como ya dijimos, durante el período T=1 de inmersión o de "carga". Pero sí cambia la cantidad (1/n) que es derivada desde el manto en cada sub-ciclo <u>n</u> de tiempo (1/n); una cantidad que es más pequeña a medida que incrementa <u>n</u>, lo que se ve mejor en las expresiones (a) o (b).

Lo que se integra, dada por la suma (+), es cada vez menor a medida que crece el número de conmutaciones <u>n</u> del período de referencia T=1, del número <u>n</u> de los sub-ciclos en el Banco, <u>estructura de supervisión y control análoga a la membrana, a la hipersuperficie de convergencia de los dos sub-dominios en el proceso energético real de intercambio de elementos de movimiento, de cargas o pulsaciones del universo y de la Unidad Existencial.</u>

T es el período para el que se re-distribuye el volumen de movimiento de todo el manto que genera disponibilidad 1 como interés (I), período de referencia para el que la ganancia de interés es UNO; mientras que <u>n</u> es el número de sub-ciclos sobre los que va a operar la hipersuperficie de interacción, el Banco, durante un período T=1 del manto igual al de referen-

cia.

Debemos insistir en que el *potencial del manto*, el volumen de movimiento del mercado de dinero, es el que determina el interés constante durante el período de "inmersión" T=1 del principal (P) en el manto, o de interacción entre principal y mercado. Si el potencial cambia, el interés ganado es $\underline{e}^m$, donde m es el cambio de potencial del manto.

(a)
La serie matemática $\underline{e}$ representa a una hebra energética binaria.

La hebra de números racionales representa una distribución de elementos existenciales, y de una relación entre ellos, ya que *la hebra es secuencia de números racionales*, de fracciones de números enteros.

NOTAS PARA LA CIENCIA.
(Para ser profundizadas).

Esta información en esta hebra matemática es sumamente importante para la interpretación de la fenomenología energética en diferentes entornos del espacio con diferentes densidades de rotación y pulsación del *fluído primordial*.

Es decir, hay una suma de términos que representan cambios de rotación de partículas primordiales en un dominio energético; y una división de términos que representan cambios de rotación de partículas en otro dominio energético. Hay una rapidez límite a la que pueden ejecutarse estos cambios más allá de la cual la interacción no arrojará cambios en el resultado de la interacción sobre una estructura de integración de estos cambios.

La constante matemática $\underline{e}$ es el valor resultante de las in-

teracciones entre dos hebras energéticas representadas por una "hebra" o serie matemática de naturaleza binaria (de dos componentes, dos hebras).

La constante matemática e es la ganancia de circulación de u-na *unidad de circulación* (de una "célula" energética) con respecto a la circulación de referencia (tomada como UNO) que tiene para un período dado T=1, cuando la re-distribución del manto energé-tico en el que se halla inmersa la *unidad de circulación* cambia de su período UNO (para el que se estableció la circulación de la *uni-dad de circulación* UNO) a (1/n), para n que tiende a infinito.

En los materiales, este cambio de circulación, que extendemos más abajo, se confirma por la expansión (o contracción) de los materiales por el cambio de temperatura, una medida de la rela-ción $[\Xi/e^*]$ como ya vimos en la sección Temperatura.

No podemos extendernos aquí (lo haremos en el *Modelo Me-cánico Racional de "Instalación Inicial" y Re-Creación del Hiperes-pacio de Existencia,* en preparación), sin embargo, comenzamos a visualizar que finalmente podremos establecer la relación entre el efecto que medimos como temperatura (que es la re-distribu-ción de componentes armónicas de rotación y pulsación dentro y fuera del material que resulta en un cambio de circulación del mis-mo) y el efecto de la interacción entre dos dominios de asociación y disociación (D_2 y D_1) de sustancia primordial (y de las partículas primordiales) de un entorno cerrado; efecto sobre la circulación de la membrana que separa ambos dominios (de la hipersuperficie de convergencia $Z\Phi$ de cambio de los dos dominios). Por el cam-bio de pulsación del manto energético, del *fluído primordial*, por las razones que sean, se integran sobre $Z\Phi$ algunas armónicas de asociación desde afuera de $Z\Phi$ y de disociación desde dentro de ella. Las componentes de muy alta frecuencia de pulsación del *fluído primordial* disocian componentes dentro del material y aso-cian componentes fuera de él, que convergen a la hipersuperficie o membrana que contiene al material. Las asociaciones y disocia-ciones son cambios de vinculaciones, cambios en las puestas en

<u>fase</u> (de las rotaciones y pulsaciones) entre partículas primordiales componentes del material y del manto energético. Esto es lo mismo que ocurre en las interacciones entre los componentes de sistemas en el sub-espectro electromagnético (ELM), con los arreglos RLC (resistor-inductor-capacitor), cuya convergencia tiene lugar en el resistor de carga R_L (R se toma como parte de R_L).

La estructura de control de las asociaciones materiales y el algoritmo de interacción con el resto del universo son inherentes a sus hipersuperficies de convergencia.

Todas las hipersuperficies de convergencia de las asociaciones materiales (son sus superficies externas) son análogas a la hipersuperficie de convergencia de la Unidad Existencial, $Z\Phi$, y tienen inherentemente en ellas al algoritmo de interacción con el resto del universo y de control de re-distribuciones energéticas entre interior y exterior.

Una roca tiene en su superficie que lo contiene una estructura de control de interacción con el resto del universo, a la que ahora podemos llegar; estructura que es análoga a la de control de todos los entornos cerrados temporales y a la de los sistemas resonantes RLC.

Condición de cierre de la Unidad Existencial.

No hay tal cosa como condición de cierre de la Unidad Existencial.

La eternidad de la Unidad Existencial hace cerrada a ésta, y la configuración natural de la distribución del *fluído primordial* y las asociaciones de sustancia primordial determina las condiciones de cierre de los entornos temporales de la Unidad Existencial.

¿Cómo develar el origen y evolución del universo?

Pues... interactuando con él.
¿Con quién más?

La solución a los dos mayores retos racionales de la especie humana, científico uno y teológico el otro, se alcanzan con la actitud de un niño: atreviéndose a imaginar y "saltar" fuera de la dimensión de realidad aparente en la que nos hallamos manifestados.

Un fantástico viaje...
¿Al Centro del Universo Absoluto?

¿Acaso podemos ir a su centro geométrico?

Continuaremos la profundización de la exploración mental.
Mejor aún.

Nos introduciremos a la re-creación del "centro" energético de un hiperespacio multi-dimensional de naturaleza binaria, de un hiperespacio de cargas primordiales. El "centro" energético es la esfera límite $Z\Phi$ del entorno de convergencia de las variaciones de los dos sub-dominios energéticos cuya intersección e interacciones establecen el sub-dominio material temporal del que nuestro universo es parte.

XXVII

Mecanismo de Re-Energización de la Unidad de Vida Primordial

Unidad Binaria Alfa-Omega

La estructura de interacciones consciente de sí misma de la Unidad Existencial necesita ser continua, incesante, eternamente re-energizada ya que las interacciones implican siempre intercambio de cargas, de rotaciones a nivel de los componentes primordiales de las estructuras interactuantes.

La re-energización de la Forma de Vida Primordial tiene lugar por el mecanismo de la conmutación entre dos estados energéticos límites opuestos con respecto a un estado medio.

Superpuesto al proceso de re-energización tenemos la re-creación de sí misma de la estructura de interacciones consciente de sí misma; y ésta, una vez consciente de sí misma, además de mantenerse desea re-estimularse a sí misma, ya que de lo contrario sería una eternidad muy aburrida por eso de sólo repetirse a sí misma.

Los seres humanos somos instrumentos de re-creación de la estructura de Consciencia Primordial, de DIOS, o de la Consciencia Universal, de Dios, a través de un mecanismo que no es de la simple reproducción biológica sino de una verdadera re-creación de una nueva versión de ser humano, de un creador de experiencias de vida. Pero, no lo hemos entendido bien así.

Re-creación de las unidades de consciencia.

Re-energización de la Forma de Vida Primordial a partir del Potencial Absoluto de la Unidad Existencial.

Conmutación de los semiciclos de vida en la Tierra.

Recordemos que la Forma de Vida Primordial es binaria; son las dos hiper galaxias Alfa y Omega, inseparables.

La vida se mantiene eternamente en una configuración binaria en la que sus dos componentes pueden albergar vida; pero, solamente en uno a la vez durante un cierto período de tiempo, al cabo del cual hay que pasar la vida al otro componente mientras el anterior se recarga energéticamente; y así sucesiva, eternamente.

Es lo que ocurre realmente.

El sistema binario, de dos componentes, es natural; así existe, así es, y nosotros sólo estamos tratando de ver cómo funciona, cómo se re-energiza eternamente a sí mismo el sistema, ambos componentes, y cómo se re-crea la vida (cómo se pasa de uno a otro componente; entre Alfa y Omega).

El mecanismo real es que durante un período de tiempo un universo se contrae para tomar energía (para tomar carga, cantidad de rotación; digamos que es la hiper galaxia Omega), toda la vida desaparece mientras Omega se recarga energéticamente; y durante ese mismo período continúa la vida en el otro universo, al que ha sido transferida la vida, en el universo que se expande (en el que estamos, la hiper galaxia Alfa).

Al proceso de transferir la vida de un universo a otro le llamamos *proceso de re-creación de las unidades de consciencia de la Consciencia Primordial*; es el proceso por el que se transfieren todas las formas de vida (el espectro universal de vida) primero, y luego al llegar al nivel en que una de ellas está lista, el nivel ser humano, ocurre la interacción por la que éste accede a la Consciencia Universal, un nivel de la Consciencia Primordial. Aquí sólo vamos a introducir la re-energización de los universos, no la transferencia de vida.

Desde el punto de vista energético, conceptualmente el mecanismo para mantener cargado al sistema binario [Alfa-Omega] es simple, y usaremos un sencillo sistema de carga de capacitores o de baterías, analogía al alcance de todos. Todos manejamos elementos electrónicos simples, baterías, capacitores y lámparas, de manera que estamos familiarizados con elementos para una gran analogía, muy simple, pero extraordinaria para ilustrar el proceso real entre las hiper galaxias Alfa y Omega, cuyo aspecto matemático aparentemente complejo se introdujo en la descripción matemática de la eternidad, introducción en la que se pudo "capturar" mentalmente la descomposición de algo eterno en manifestaciones temporales (ahora podemos entender real, energéticamente, la relación entre nuestra manifestación temporal y el proceso eterno en el que estamos inmersos y del que somos partes inseparables, eternamente).

De ahora en adelante, Alfa y Omega son dos capacitores o dos baterías que dan energía a dos lámparas. La luz de las lámparas son las manifestaciones de vida. Si las lámparas están encendidas, hay vida en el entorno de iluminación de la lámpara; si están apagadas, no hay vida en su entorno. Luego, una lámpara siempre tiene que estar prendida; una batería o un capacitor tiene que estar siempre cargado, en un sistema donde no se genera energía, pero tampoco se pierde (sólo pasa de un estado a otro; o de un entorno espacial a otro).

Así de simple.

Desde el punto de vista eléctrico, capacitor y batería es lo mismo. La diferencia está en que la carga eléctrica en el capacitor tiene una duración de tiempo muy limitada mientras que en la batería es muy prolongada; pero básicamente, ambos se cargan y descargan con una función exponencial similar, aunque con diferentes velocidades de carga y descarga (con diferentes constantes de tiempo).

Ahora bien.

Concebir un sistema de control que "prenda la lámpara", la vida, en un universo al que se transfiere la vida del otro universo que se "apaga" para recargarse, es simple en nuestras aplicaciones discretas donde todos los componentes están separados, pero no resulta nada simple identificar los componentes de control y a controlar, ni la secuencia de proceso, en una Unidad Existencial donde todo está intermezclado, intermodulado, "entretejido" en la única red espacio-tiempo.

Sin embargo, tenemos la analogía real, absolutamente real, al alcance de la mano, o de la mente mejor dicho, pues vivimos en ella: la Tierra.

La base de la analogía es muy simple.

Ver Figura XX.

Una superficie donde hay vida gira frente a una fuente de energía que tiene un cierto potencial de cargas disponible eternamente (por un muy largo tiempo).

La superficie de vida es la superficie de la Tierra.

La fuente de potencial de cargas es el Sol.

En todo momento, debido a la posición del eje de rotación de la Tierra en el plano orbital, en el plano ecuatorial solar, hay más energía en un hemisferio que en el otro. Ahora, aquí en la Tierra, uno de sus hemisferios es análogo a la hiper galaxia Alfa, y el otro hemisferio es análogo a la hiper galaxia Omega. Así es realmente. Veamos.

Durante el invierno se recarga energéticamente un hemisferio, y ciertas formas de vida en él se van a "dormir", o reducen su actividad (algunos árboles se secan, pierden sus hojas; otras formas "mueren" pero quedan sus raíces; algunos animales se van a dormir de verdad). En el verano, esas formas de vida reaparecen o se reactivan, y las del otro hemisferio se van a "dormir" o reducen sus actividades.

En el tiempo frío la superficie energética se contrae, es decir, sus elementos energéticos adquieren carga o rotación.

Durante el tiempo caliente la superficie energética se expande, libera carga o rotación, energía.

Como vemos, sobre una superficie energética, una hipersuperficie, la de la Tierra, es posible conmutar estados de las formas de vida en semi-ciclos de vida y de re-energización del ambiente de vida frente al Sol, nuestra fuente local de potencial universal.

El conmutador natural es el cambio, frente al Sol, de la posición del eje de rotación de la Tierra al pasar por los equinoxios de primavera y otoño.

Absoluta, análogamente ocurre en la Unidad Existencial.

La hipersuperficie de vida es $Z\Phi$. Recordar la Figura III(A).

Sobre $Z\Phi$ se encuentran las hiper galaxias Alfa y Omega.

El "SOL", la fuente de potencial de carga primordial, es la hipersuperficie periférica límite $Z_{LÍM}$ sobre la que ocurre la pulsación existencial que energiza todo el *fluído primordial* y todo lo que se halle inmerso en él. Lo vimos en la sección Generación de la Pulsación Existencial.

La hipersuperficie $Z\Phi$ no rota en la Unidad Existencial, sino que el *fluído primordial* es el que lo hace; pero el efecto es absolutamente el mismo, pues lo que sí rotan son las dos hiper galaxias Alfa y Omega, por lo que una parte de ellas queda frente a $Z_{LÍM}$ durante un semiperíodo, y frente a Zn durante el otro semiperíodo. Estar frente a $Z_{LÍM}$ o Zn es recibir, o no, energía; es estar recargándose, o no, respectivamente. En la Tierra es lo mismo día a día para toda la superficie terrestre, no solo en cada estación para cada hemisferio. Si una parte de la superficie de la Tierra "mira" hacia el Sol, esa parte de la superficie se "carga" pues recibe luz solar (radiación en el espectro visible); luego, esa parte de la superficie de la Tierra, al "mirar" hacia el lado opuesto (en la noche) se descarga, libera energía a la atmósfera y al espacio.

Una exploración detallada de este mecanismo de conmutación en la Unidad Existencial se cubre en el *Modelo Mecánico Racional de "Instalación Inicial" y Re-Creación de la Unidad Existencial,* cuya primera versión para publicación se iniciará el próximo año 2016.

Un aspecto que requiere más atención es que durante el semiciclo estacional (seis meses) se "carga" todo el volumen del hemisferio que recibe menos luz solar (a través de su co-

rrespondiente polo); y esa carga interactúa luego, día a día, con el flujo solar, durante el otro semiciclo de "descarga" de ese mismo hemisferio terrestre.

La superficie terrestre es la membrana de interacción entre el flujo solar y el flujo desde el interior de la Tierra; es análoga a la hipersuperficie $Z\Phi$ de la Unidad Existencial, y de cada hiper galaxia Alfa y Omega.

¡ATENCIÓN!

Este aspecto subrayado no se tiene debidamente en cuenta al estudiar los efectos de la actividad humana sobre la estabilidad energética del planeta (al modificar, y eventualmente agotar, las cadenas de hidrocarburos contenidos debajo de la superficie terrestre, en el otro dominio energético que interactúa con el Sol).

Veamos ahora un poco más detenidamente algunos detalles concernientes a la Unidad Existencial y el sistema solar para visualizar mejor a esta analogía real.

La Unidad Existencial es un sistema binario.

El sistema solar es un sistema binario de dos componentes: el núcleo (el Sol) y los planetas (pero consideraremos sólo a la Tierra, por simplicidad).

La Tierra, a su vez, es un sub-sistema binario como ya vimos, por los cambios energéticos en sus hemisferios Norte y Sur.

La Unidad Existencial tiene un potencial de unidades de cargas primordiales constante. Es obvio; ella es cerrada absolutamente. La carga es inherente a la sustancia primordial cuyo volumen es constante, inmutable.

El Sol tiene una carga eterna a los fines prácticos temporales para la especie humana en la Tierra.

[En el *Modelo Mecánico Racional* ya mencionado se explicará el mecanismo de la re-creación de los sistemas solares en el nuevo universo al que se transfiere la vida del universo que le precede].

La Unidad Existencial se re-energiza periódicamente, y en el mismo período ocurre la re-creación de sí misma de la Forma de Vida Absoluta por un extraordinario mecanismo de transferencia de vida de una hiper constelación a otra, de un universo a otro. El mecanismo de la re-energización tiene lugar dentro de la Unidad Existencial que es absolutamente aislada (pues fuera de ella nada existe, nada hay, nada se define); sin embargo, tiene lugar la re-energización de sí misma a pesar de que no se crea energía y tampoco ingresa ninguna energía, <u>pero se re-distribuye en dominios de mayor y menor densidad con respecto al valor medio que es absoluta, eternamente constante</u>, tal como ocurre en los sistemas resonantes universales.

Para re-distribuirse entre dos estados límites todo el volumen contenido en la Unidad Existencial, ésta tiene que descomponerse en unidades de re-distribución energética, en unidades de movimiento. Estas unidades de movimiento son las que llamamos *señales*; o mejor dicho, aquéllas cuyos efectos en los seres humanos, las formas de vida, o en los detectores, son variaciones a las que les llamamos *señales*. Luego, sobre un detector, para cada período de re-distribución total de la Unidad Existencial, o para cada período de re-creación de la Forma de Vida Absoluta, <u>ese período para la Unidad Absoluta o UNO ABSOLUTO es la suma de todos los movimientos que haya habido desde un estado de referencia hasta que regrese a ese mismo estado</u>. (Obviamente, por razones de tiempo, ya que cada período de re-distribución de la Unidad Existencial toma billones de años nuestros, nosotros no podemos evaluar esto desde la Tierra, pero sí podemos hacerlo mentalmente).

[Este proceso de descomposición en *señales,* y su configuración de distribución espacial, es también parte de lo que se incluye en el *Modelo Mecánico Racional*].

En la Tierra, el volumen energético se sub-divide en componentes, *señales,* gracias a la pulsación solar que excita, modula, re-ajusta todo el manto energético en el que estamos

---

inmersos en la Tierra. Y la forma de vida en la Tierra se sub-divide en *unidades de inteligencia*, en especies e individuos. Cada período de re-energización de los componentes bina-rios Norte y Sur de la Tierra es de un año; período en el que ocurre una gran re-creación y re-energización de manifesta-ciones de vida.

Recordar que sólo estamos destacando la analogía entre la u-nidad [Sol-Tierra] con la Unidad Existencial [Alfa (u Omega)-$Z_{LÍM}$].

Veamos en la Unidad Existencial.

Como entidad energética, como arreglo material con capacidad de intercambiar movimientos, energía entre sus partes, la Forma de Vida Absoluta de la Unidad Existencial estimula y rige un pro-ceso de re-distribuciones energéticas dentro de toda la Unidad Existencial; proceso que junto a las interacciones entre estructu-ras de información y comparaciones de los efectos de experien-cias que ocurren dentro de ella conforman la FUNCIÓN EXIS-TENCIAL. Estas re-distribuciones tienen lugar entre dos estados límites de la Forma de Vida Absoluta; estados límites que sólo pueden verse desde uno de los dos componentes de la entidad binaria [Alfa-Omega]. Esos estados límites son los que en nuestro universo (hiper galaxia Alfa) vemos como *expansión* (en la que estamos en el presente) y *contracción* (la que está experimen-tando la hiper galaxia Omega). Durante estas re-distribuciones cambia la configuración del manto de *fuído primordial* que llena la Unidad Existencial, el manto en el que está inmerso todo lo que hay dentro de la Unidad Existencial. El manto de *fluído primordial* es el líquido amniótico en cuyo seno la Unidad Existencial susten-ta la Forma de Vida Absoluta, y a través del cuál le provee la energía, la pulsación existencial que se genera en la periferia de la Unidad Existencial, en $Z_{LÍM}$. El manto de *fluído primordia*l es el "océano" energético de la Unidad Existencial. Estamos todos, Dios y todas las especies de vida de ambas hiper galaxias Alfa y Omega, inmersos en el manto de "agua" primordial.

Ahora en el sistema [Sol-Tierra].

La Tierra se contrae y expande, cada hemisferio, durante

el invierno y el verano respectivamente. Lo vemos en los polos; hay contracción energética en el agua de la atmósfera y el mar, y se forma más hielo en el invierno; hay expansión energética del hielo en el verano, y se produce el deshielo polar.

La analogía a la Forma de Vida Primordial en la Tierra es toda la manifestación de vida terrestre; toda. La superficie de energía y de vida de la Tierra pulsa y cambia, modula, reajusta la atmósfera, y desde ésta se realimenta otra pulsación a la superficie terrestre, los mares y otros componentes. Esta fina interacción sigue a la interacción primordial que ocurre en la Unidad Existencial. No importa si no podemos discriminar los detalles de este fino proceso, no obstante, sí podemos estar seguros de las consecuencias negativas por afectar el ciclo natural con nuestras actividades humanas; y tenemos cómo saber de la afectación por los indicadores naturales: capa de ozono y densidad de dióxido de carbono en la atmósfera. Hoy tenemos acceso a la estructura de control de resonancia de la Tierra [que también estará (en la sección de Control de Evolución de las Nuclearizaciones Universales) en el *Modelo Mecánico Racional de "Instalación Inicial" y Re-Creación de la Unidad Existencial*].

La vida en la Tierra está inmersa en el *fluído amniótico* terrestre: el manto de océanos y atmósfera. Las configuraciones (corrientes) de océanos y atmósfera cambian durante las estaciones terrestres análogamente como ocurre con el *fluído primordial* en el entorno de la Forma de Vida Primordial.

La Tierra está dentro de una *burbuja o atmósfera de inserción* en el manto solar.

Esta burbuja es una re-distribución del manto solar alrededor de la Tierra. Es como otra atmósfera fuera de la de aire.

El entorno de inserción es importante por los iones y electrones libres. En el lado de la Tierra frente al Sol hay una densidad de electrones libres, y del lado opuesto, del lado de "noche", es otra. A su vez, esta distribución cambia fuertemente hacia los polos durante las estaciones invierno y verano.

¡ATENCIÓN!

Presentamos algunas ilustraciones a continuación, para esta sección y las que siguen. Aunque contienen una gran cantidad de información especializada que requiere de una revisión más detallada, información que puede ser más accesible por quienes tienen formación en Ciencias, también incluyen, sin embargo, descripciones y elementos de información que más a menudo son temas de los medios de comunicación en relación a las actividades de instituciones científicas, tales como NASA, y a las observaciones y exploraciones en la Estación Espacial Internacional (ISS, International Space Station). Entre esos elementos de información están *"energía oscura"* y *anti-materia*. Por otro lado, debemos recordar que <u>todo lo que se observa en el lejano universo no está en tiempo real</u>, y las ilustraciones XXI, XXII(B) y (C), XXVII(B), y XXX(A) y (B), contienen información que no es observable directamente. Las incluímos para quienes deseen tener esta información preliminar que es parte de la información de base para una formulación formal, detallada, de la Teoría de Todo, a la que luego introducimos, y como estimulaciones a profundizar por sí mismos en la exploración mental del proceso existencial. Para una formulación formal de la Teoría de Todo, o Teoría Unificada, es necesario re-interpretar la temperatura absoluta de un hiperespacio de naturaleza binaria cuyo dominio material es la intersección de dos sub-dominios primordiales.

Sistema Sol-Tierra

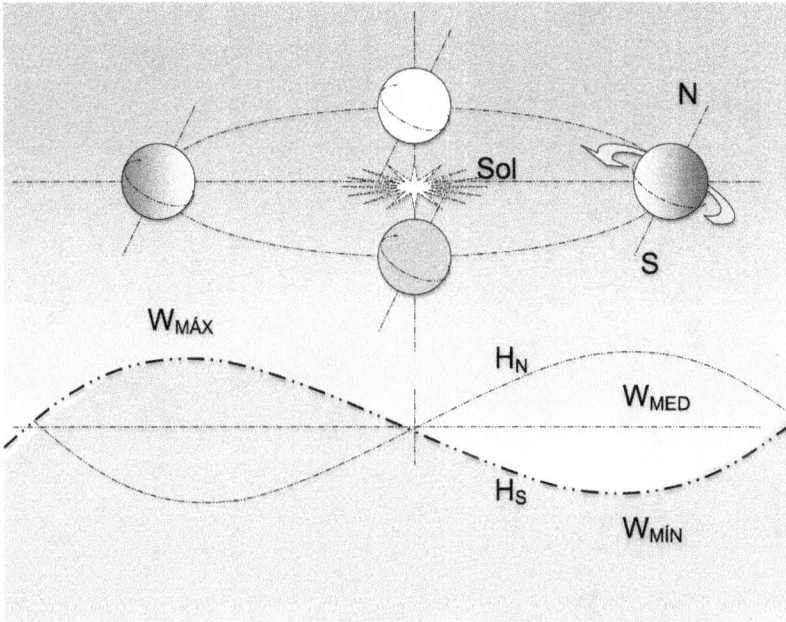

Figura XX.

Cada hemisferio (Norte y Sur) conmuta entre dos estados de densidad energética $W_{MÁX}$ y $W_{MÍN}$ del manto energético solar, debido a la posición del eje de rotación de la Tierra frente al Sol. El cambio entre los dos estados sigue la curva senoidal H_N (o H_S).

Tenemos dos trenes de conmutaciones: diario y anual.

La densidad energética del manto solar no cambia apreciablemente; cambia la densidad de la superficie de la Tierra frente a la *atmósfera de inserción*, que es constante (si no tenemos en cuenta las posiciones de los otros planetas ni la del sistema solar en la galaxia) pero de dos niveles de densidad: uno frente al Sol y otro del lado opuesto al Sol.

Conmutación en la Unidad Existencial

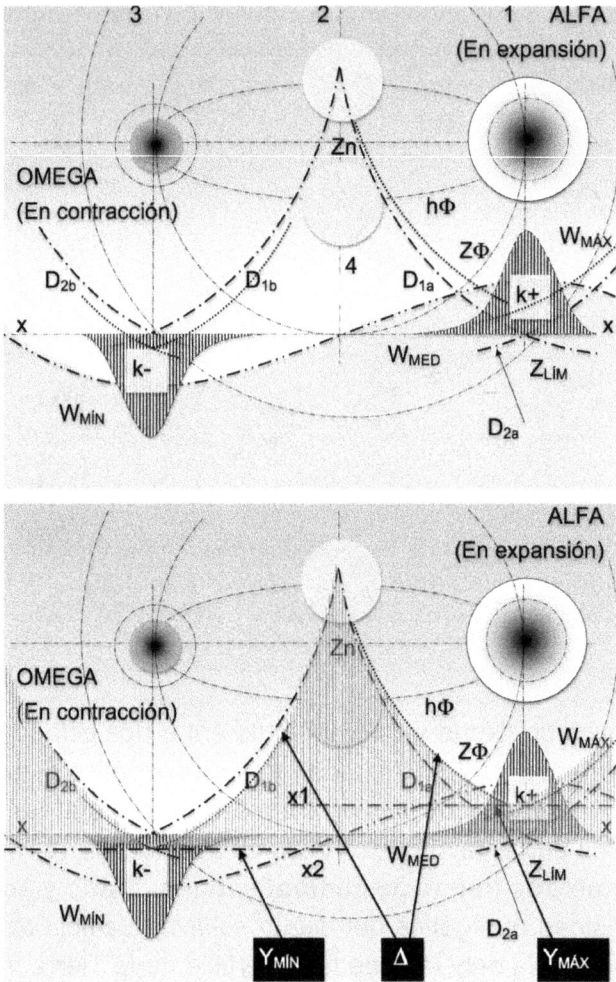

Figura XXI.
Cada componente [Alfa-Omega] de la Unidad Binaria tiene una estructura de circulación, k(+) y k(-) respectivamente.

Las componentes Alfa y Omega no orbitan alrededor del núcleo Zn de la Unidad Existencial, sino que el manto de *fluído primordial* cambia su distribución (que no podemos mostrar en esta ilustración; son dos espirales espaciales ecuatoriales y dos polares), y el efecto es visto como una orbitación de las componentes Alfa y Omega.

Cada universo está inmerso en un entorno de densidad energética opuesta con respecto a un valor medio constante, inmutable, que es el valor medio de las infinitas componentes temporales que resultan descriptas por una *Transformación por Fourier* de la estructura de circulación binaria [k(+); k(-)]. El valor medio de densidad W_{MED} del manto energético (sobre el eje x) tiene la temperatura de 0° Kelvin, nuestra temperatura límite, que corresponde a la temperatura UNO Absoluto de la Unidad Existencial.

Ambos universos se expanden y contraen recíproca, armónicamente, entre dos estados límites con respecto a un estado medio que corresponde cuando ambos componentes (Alfa y Omega) están en la posición equinoxial de re-distribución del manto de *fluído primordial*.

El valor medio del manto corresponde cuando las dos distribuciones exponenciales de GRAVITACIÓN e INDUCCIÓN primordiales son iguales, indicadas por las distribuciones exponenciales D_1 y D_2 en líneas de trazos y puntos gruesos. Estas distribuciones son la referencia primordial inmutable; son el valor medio de las infinitas componentes temporales de las exponenciales.

Notar que las estructuras de circulaciones k(+) y k(-) están referidas al eje horizontal [x-x]. Este eje representa las distribuciones exponenciales medias de D_1 y D_2, la referencia natural, transferidas sobre este eje de referencia que resulta más cómodo, aunque por otra parte nos confundirá si no tenemos en cuenta este cambio de eje de referencia.

En los universos Alfa y Omega tendremos disociaciones y re-asociaciones de sistemas galácticos y estelares completos.

Ondas Estacionarias

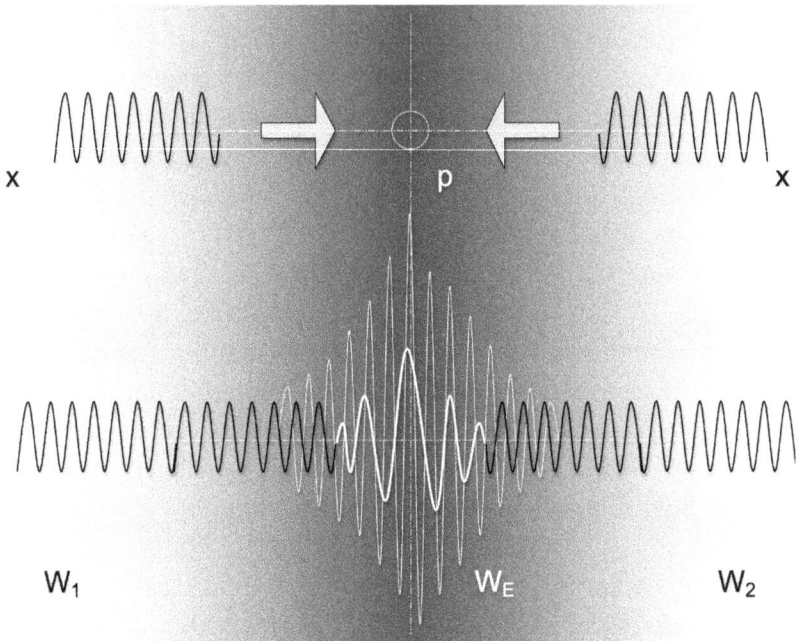

Figura XXII(A).

Dos trenes de ondas W_1 y W_2 que convergen desde direcciones opuestas sobre un punto van a generar una onda de mayor amplitud; y estacionaria, si ambos trenes de ondas se mantienen.

Este es un fenómeno muy natural, muy simple, muy frecuente. Es el caso de la onda central que se forma sobre una cuerda si se sujeta de sus extremos y desde allí se la agita rítmicamente hasta alcanzar el sincronismo requerido para establecer y mantener una onda estacionaria de mayor amplitud en el centro de la cuerda.

Es un fenómeno mejor conocido por resonancia en el entorno de convergencia que puede llevar a la ruptura del entorno.

Generación del Dominio Material
por Trenes de Ondas

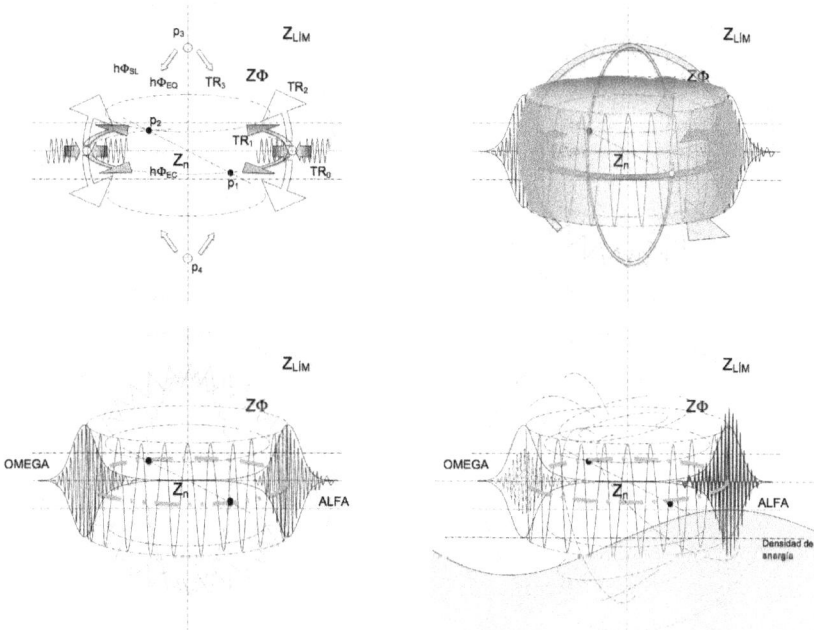

Figura XXII(B).

Interacción entre trenes de ondas.

Ondas estacionarias dentro de una esfera.

La generación de trenes de ondas se inicia en la disociación y re-asociación continua, incesante, que ocurre sobre la periferia de la Unidad Existencial. La formación de las ondas estacionarias es un fenómeno ampliamente confirmado en las aplicaciones de sistemas resonantes en el sub-espectro electromagnético (ELM).

Ver texto.

Dominios de Energía y Energía "Oscura"

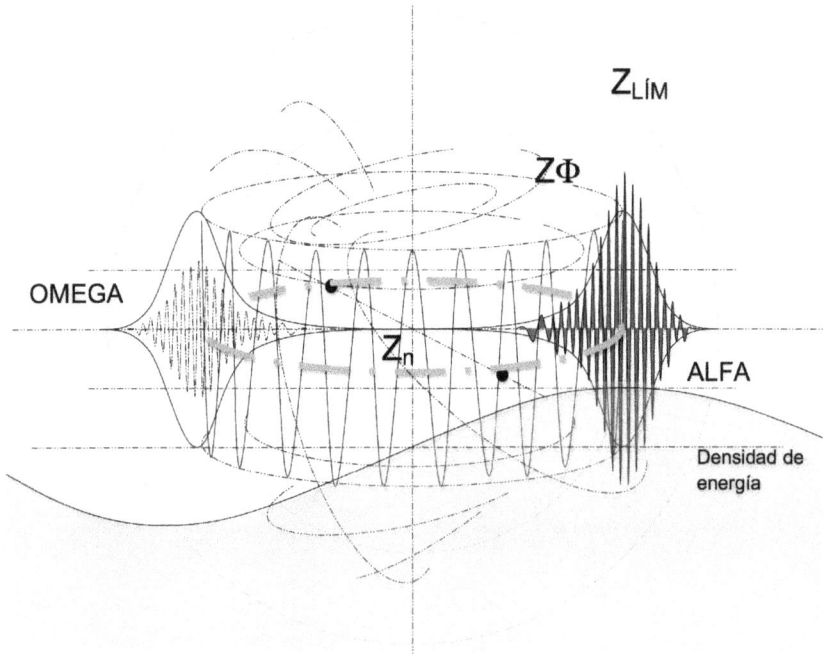

Figura XXII(C).

Siendo la Unidad Existencial un sistema armónico primordial, el arreglo de circulación sobre el hiperanillo ecuatorial $h\Phi$ de la hipersuperficie de convergencia energética $Z\Phi$ es una componente sinusoidal sobre la que se encuentran ambas hiper galaxias Alfa y Omega.

Esta componente varía alrededor de un valor medio inmutable de *densidad energética* del manto de *fluído primordial*. Con relación a este valor medio tenemos una energía disponible de mayor densidad en nuestro dominio, y "energía oscura" en el universo Omega, cuya densidad es por debajo del valor medio (negativa).

XXVIII

Re-Creación de la Unidad Existencial

Primera aproximación racional por interacción entre Trenes de Ondas

Vamos a dar un gran salto racional desde ondas estacionarias en una cuerda, Figura XXII(A), a ondas estacionarias en un manto de *fluído primordial*, Figuras XXII(B) y (C).

Comenzamos, una vez más, por la orientación absoluta: eternidad.

La Unidad Existencial es una presencia eterna, por lo tanto es cerrada, aislada absolutamente. Fuera de ella nada existe, nada hay, nada se define. Insistimos en esto pues se tiende a creer que el Universo Absoluto no tiene fin, que no tiene límites reales. Pues sí, es inmensurable pero tiene límites reales aunque son inalcanzables físicamente pues la vida en ambos dominios material y primordial sólo es posible en un entorno particular de él. Dios y las especies de vida conscientes de sí mismas sólo pueden establecerse y definirse en un entorno particular donde tienen lugar las interacciones de la componente de la FUNCIÓN EXISTENCIAL que resulta consciente de sí misma. No obstante, todo el hiperespacio (el espacio lleno de *fuído primordial* y su energía) es alcanzable con la mente.

Todo el inmenso volumen de energía de la Unidad Existencial

es para sustentar la estructura de interacciones consciente de sí misma que tiene lugar en el dominio material.

Dominio Material.

Ver Figuras VI (Hiper Galaxias Alfa y Omega), y XXI [Dominios D_1 y D_2, y estructuras de circulaciones k(+) y k(-)].

El dominio material es el resultado de las interacciones entre los dos sub-dominios primordiales de distribuciones exponenciales D_1 y D_2; es el entorno en el que se establece y sustenta la Unidad Binaria [Alfa-Omega].

El dominio material es compuesto por las dos estructuras de circulaciones k(+) y k(-) de las hiper galaxias Alfa y Omega respectivamente, los dos universos.

El dominio material, todos sus componentes y estructuras, se re-crean por una parte, y se re-cargan energéticamente por otra, por la interacción de los trenes de ondas que veremos enseguida.

¿Cómo sabemos que nuestro universo, la hiper galaxia Alfa, no es la Unidad Existencial?

Porque la Unidad Existencial, <u>siendo un sistema binario</u>, <u>tiene que tener dos entidades interactuantes de la misma magnitud</u>, y dentro de nuestro universo no tenemos esas dos unidades definidas, las que, por otro lado, deben ser parte de un volumen esférico, de la única configuración natural que surge de tener una fricción infinita actuando sobre el manto de sustancia primordial en todas las direcciones radiales desde la nada absoluta afuera de la periferia $Z_{LÍM}$ de la Unidad Existencial (como vimos en la sección Sustancia Primordial).

Nuestro universo es una de las dos nuclearizaciones fundamentales del sistema binario de la Unidad Existencial.

Empleamos la expresión *fluído primordial* en lugar de *sustancia primordial* porque tenemos las analogías locales de un manto de fluído, ya sean los océanos o la atmósfera, que nos van a permitir visualizar mejor la re-creación a la que nos aproximaremos.

El volumen de *fluído primordial* (sin asociaciones en este instante de exploración mental) es el volumen de *cargas primordiales*; es el espacio de existencia, o *hiperespacio de existencia* [es decir, un espacio energético de muchos niveles de energía que se distribuyen como esferas concéntricas virtuales (definidas por los "puntos" del manto con igual densidad de energía conformando "capas de cebolla")].

Hacemos énfasis en considerar al espacio existencial como un espacio de *cargas primordiales* porque ya sabemos tratar con *cargas eléctricas* que son una versión local de las primordiales.

La *hipersuperficie* (o superficie energética) que contiene al volumen de *fluído primordial* es la hipersuperficie periférica $Z_{LÍM}$ de la Unidad Existencial establecida y definida por el volumen de *fluído primordial*.

Fuera de la hipersuperficie límite $Z_{LÍM}$ nada existe, nada hay, nada existe. Es imperatorio tener presente este vacío absoluto.

¿Qué ocurre entonces, con este volumen de *fluído primordial* que se halla inmerso en la nada fuera de él?

Antes que nada, había que conocer la naturaleza y estructura de las unidades absolutas de *sustancia primordial* que conforma el *fluído primordial*, y ya lo hicimos, para entonces poder explorar el comportamiento de la sustancia primordial en el límite de la existencia, sobre la hipersuperficie límite $Z_{LÍM}$, pues de un lado hay energía, y del otro lado hay vacío absoluto.

Ya vimos también qué ocurre en la hipersuperficie $Z_{LÍM}$ con el *fluído primordial,* en la sección Generación de la Pulsación Existencial.

¡ATENCIÓN!

El comportamiento del *fluído primordial* en la hipersuperficie límite $Z_{LÍM}$ es el que re-genera toda la energía disponible de la Unidad Existencial, ¡del Universo Absoluto!; la energía disponible para mantener la FUNCIÓN EXISTENCIAL.

El comportamiento del *fuído primordial* en la hipersuperficie límite $Z_{LÍM}$ genera toda la pulsación del Universo Absoluto, es decir, la *pulsación existencial*, la ¡pulsación de vida de la Unidad Existencial!; pulsación que sustenta la FUNCIÓN EXISTENCIAL consciente de sí misma y estimula la expansión de nuestro universo.

Vamos las Figuras XXVII(A) y XXVII(B), Capacitor Binario, al final de esta sección.

En la Figura XXVII(A) presentamos a la Unidad Existencial como un capacitor binario para la ciencia, algo que ya hicimos antes, pero no vamos a introducirnos en nada complicado. Para todos, esta representación es una simplificación de la *bomba energética primordial* en la que la hipersuperficie $Z\Phi$ de convergencia energética es su diafragma.

La Figura XXVII(B) es sólo para la ciencia, los demás no la necesitan.

La Figura XXVII(A) nos permite ver claramente los dos sub-dominios energéticos[a] D_1 y D_2 de los que hemos venido hablando (respectivamente dentro y fuera de la hiperesfera $Z\Phi$); son los dos sub-dominios que nos importan a todos pues su intersección e interacciones definen a nuestro dominio material.

¿Por qué usaremos la analogía de un capacitor eléctrico?

Ya lo dijimos.

Porque un manto de *cargas* en nuestro dominio material es absolutamente análogo al manto de cargas primordiales del *fluído primordial*.

Luego, es más sencillo visualizar la generación de un arreglo de circulación de un manto de cargas dentro de una esfera sobre la que se excita con señales desde todas las direcciones radiales de la periferia. Las señales se re-distribuyen desde el centro de la esfera y se forma una *onda estacionaria* en un entorno de convergencia de las excitaciones desde la periferia $Z_{LÍM}$ y las re-distribuciones desde el centro Zn.

Vamos a repetir parte de lo que ya vimos, pero es necesario para no perdernos en este mecanismo de generación de trenes de ondas desde la periferia $Z_{LÍM}$ de la Unidad Existencial.

Vimos que si no hay nada fuera de $Z_{LÍM}$ es como si la fricción afuera de ella fuera infinita.

El vacío absoluto fuera de $Z_{LÍM}$ no permite transferir nada hacia afuera.

Luego, el *fluído primordial*, que está compuesto por la *sustancia primordial* cuyos elementos son unidades que tienen *carga* o rotación propia, va tratar de re-distribuir esas rotaciones hacia el interior debido a la fricción infinita por fuera de la periferia $Z_{LÍM}$.

Por fuera de $Z_{LÍM}$ es como si la temperatura de la nada fuera infinita, absolutamente fría. En realidad NO SE DEFINE.

Esto es porque afuera no hay ningún movimiento de rotación, y frente a ello las partículas por dentro se aceleran para "calentar" lo que hay del otro lado. La aceleración de las rotaciones de las partículas promueven su disociación, y se reposicionan los ejes de rotaciones para minimizar la fricción, colocando el eje de rotación normal a $Z_{LÍM}$.

Dentro de la hipersuperficie $Z_{LÍM}$ es como si el entorno próximo a la periferia estuviera a elevadísima temperatura (infinita, por inmensurablemente alta); pero es <u>negativa en relación a la temperatura UNO Absoluto en ZΦ</u> porque en ZΦ hemos definido a la temperatura como una indicación de la relación [Ξ/e*], y no hay asociaciones allí en $Z_{LÍM}$, y por lo tanto, la relación [Ξ/e*] en $Z_{LÍM}$ es (1/∞). NOTA: Revisitar en la sección Temperatura la relación [Ξ/e*]. Obviamente, tenemos que completar la re-interpretación de temperatura, pero no lo haremos aquí pues lo que se ha dicho es suficiente para esta introducción (lo veremos en el *Modelo Mecánico Racional*).

Siguiendo por ahora con nuestra convención actual que disociación es por alta temperatura, lo que ocurre a temperatura inmensurablemente alta (∞) cerca de $Z_{LÍM}$ es la disociación total del *fluído primordial* en sustancia pura, libre, en unidades absolutas en el último nivel de disociación, o en el nivel primordial absoluto desde el que se parte para asociarse.

Como analogía de lo que ocurre en el entorno de $Z_{LÍM}$ tenemos al agua.

El agua es una asociación de moléculas; asociación de átomos de hidrógeno y oxígeno que tienen electrones que rotan alrededor de sus núcleos. Si el agua se calienta o se enfría, los electrones de los átomos cambian de cantidad de rotación propia y de orbitación alrededor de los núcleos. Es lo que define que el agua esté más fría o caliente, y que el agua fluya entre esos puntos del océano entre los que hay una diferencia de temperatura.

Ahora bien.

Si el *fluído primordial* está en contacto con la nada fuera de $Z_{LÍM}$, hay un cambio colosal de movimiento de rotación de la sustancia primordial que compone al *fluído primordial*, <u>y ese cambio se va distribuyendo hacia el centro del volumen</u>, hacia el centro de la Unidad Existencial, hacia Zn, indicado como <u>n</u> en la Figura XXVII(A). Ahora, allí sobre Zn, el *fluído primordial* ve un cambio de rotación que se ha venido integrando en todas las direcciones radiales hacia él, lo que ocasiona una rotación de ese punto Zn, del elemento de *sustancia primordial* en ese punto, a una cantidad y rapidez colosal que es la suma o ¡integral de todos los cambios de rotaciones de todos los elementos de *sustancia primordial* del manto de *fluído primordial*!

Es algo totalmente fuera de nuestra capacidad racional el visualizar la cantidad de rotación del elemento de sustancia primordial situado en el centro Zn de la Unidad Existencial; rotación que es resultante de todas las re-distribuciones desde todas las direcciones espaciales desde $Z_{LÍM}$ hacia Zn.

El elemento de sustancia primordial en Zn se acelera hasta alcanzar el máximo permisible por la naturaleza de la *sustancia primordial* y por el volumen total de la misma en el manto de *fluído primordial*. Cuando se alcanza el máximo, ocurre una re-distribución de la rotación que continúa llegando a Zn desde todas las direcciones espaciales desde $Z_{LÍM}$.

□

NOTA.

Hay un delicado proceso sobre el centro Zn del que solo diremos lo siguiente. (Aquí cubrimos la aproximación básica por la que se "generaría" un hiperespacio de existencia de naturaleza binaria si vertiéramos y llenáramos con sustancia primordial un "hueco" en la nada absoluta; si acaso fuera posible).

Ocurre un fenómeno de "resbalamiento" en Zn por el que ese elemento en Zn que alcanza su fantástica rotación máxima "salta" fuera de esa posición que es ocupada por otro elemento; y así sucesivamente con los que van ocupando el lugar del que "salta". Esos elementos a máxima rotación van siendo llevados sobre una trayectoria espiral desde Zn hacia afuera (hacia el entorno de convergencia ZΦ al que nos referiremos a continuación).

Al final se va a formar una cadena de asociaciones, una cadena material, a lo largo del hiperanillo ecuatorial hΦ de ZΦ. Es la banda ecuatorial en la Figura XXIII.

Esta configuración sobre la banda ecuatorial es el resultado del proceso transitorio "de instalación inicial" del dominio material, [instalación que no tuvo lugar nunca en una presencia eterna, pero es el mecanismo análogo que tendría lugar si la presencia eterna se llevara a un estado inicial de completo desorden. El mecanismo de regreso a su configuración natural es éste, en virtud de las propiedades topológicas (*continuidad, conectividad, convergencia*) del manto de *fluído primordial*].

Sobre este dominio material es que va a ocurrir, a continuación, la re-carga real por el mecanismo de trenes de ondas.

Sobre esta distribución material en el hiperanillo hΦ de ZΦ es que convergen los trenes de ondas desde Z$_{LÍM}$ y Zn.

Pero también, este mecanismo de trenes de ondas, su convergencia e interacción, y el resultado, la formación de partículas y, o su carga (por integración de rotación), <u>es el mismo</u> en todas las nuclearizaciones universales internas de la Unidad Existencial, entre ellas, nuestro universo.

□

Continuamos.

Tenemos ahora dos "trenes" o dos <u>configuraciones radiales</u> de re-distribuciones de rotaciones en el manto de *fluído primordial*,

- Un tren desde todas las direcciones radiales desde la periferia Z$_{LÍM}$ hacia el centro o núcleo Zn;

- Otro tren desde todas las direcciones radiales desde Zn hacia la periferia Z$_{LÍM}$.

Estos dos trenes, configuraciones radiales, se interceptan en un entorno de convergencia, en una superficie energética, en una hipersuperficie de convergencia ZΦ entre la hiperesfera periférica Z$_{LÍM}$ y el centro Zn.

Esta intersección define una circulación de *fluído primordial* en un hiperanillo de la hipersuperficie de convergencia ZΦ, en el hiperanillo ecuatorial hΦ.

Los flujos de trenes de ondas convergiendo a la hipersuperficie ZΦ se re-distribuyen hacia su hiperanillo preferencial (es el hiperanillo ecuatorial hΦ), y esa convergencia re-carga las estructuras y partículas que están presentes allí, y las obliga a asociarse donde haya una convergencia local, y a disociarse donde haya una divergencia.

Donde haya una disociación emerge, se expande un nuevo universo; y donde haya una asociación "muere", se contrae el otro universo.

El dominio material es una "onda estacionaria" de la convergencia e interacción de los dos sub-dominios primordiales D_1 y D_2.

En general,

la re-distribución de un hiperespacio de unidades de *cargas primordiales* es una configuración de circulación cuya componente fundamental permanente está sobre el hiperanillo preferencial hΦ, y una estructura de pulsación espacial con dos componentes: una preferencial sobre el plano ecuatorial y otra sobre el eje polar.

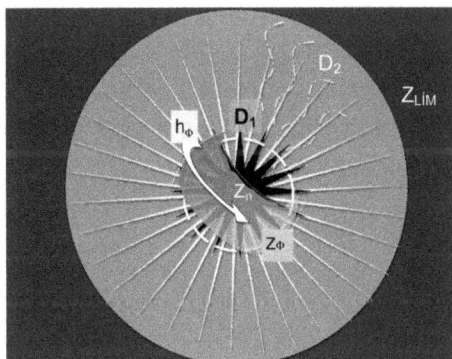

Figura XXIII.
Re-distribuciones de los sub-dominios D_1 y D_2.

La hipersuperficie de convergencia de una esfera llena de cargas primordiales es la de convergencia de los trenes de ondas desde las hipersuperficies límites $Z_{LÍM}$ y Zn.

La hipersuperficie de convergencia de los trenes desde $Z_{LÍM}$ (en blanco) uno, y desde Zn (en negro) el otro, es $Z\Phi$ (cuyo corte es la circunsferencia blanca en líneas de trazos).

Esta ilustración es la misma que la Figura XIII donde tenemos una circulación k conteniendo y "arrastrando" las estructuras energéticas $\in^{(+)}$ y $\in^{(-)}$, las hiper galaxias Omega y Alfa.

Ya notamos que la hipersuperficie de convergencia $Z\Phi$, que es una superficie energética esférica, divide a la Unidad Existencial en dos sub-dominios energéticos:

- Uno interior a $Z\Phi$, que es el sub-dominio D_1 de asociaciones de *sustancia primordial, o sub-dominio de inducción primordial (IND)*,

- Otro exterior a $Z\Phi$, que es el sub-dominio D_2 de asociaciones de sustancia primordial, o *sub-dominio de gravitación primordial (GRA)*.

Estos dos sub-dominios convergiendo hacia la hipersuperficie de convergencia $Z\Phi$ establecen un entorno o interfase de interacciones: es el *entorno de convergencia* sobre el que se desarrolla el *dominio material*, el dominio de la Unidad Existencial en el que nos encontramos presentes.

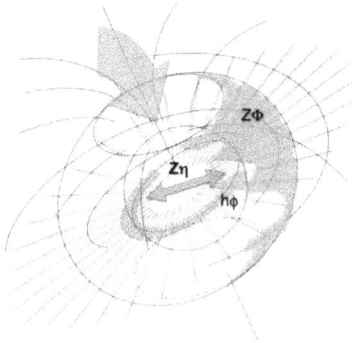

Figura XXIV.
Re-distribuciones de los sub-dominios D_1 y D_2.

Dominio Material.
(Revisitación).

Generación de las hebras energéticas.

El *dominio material* es el dominio de asociaciones de sustancia primordial que resulta de las interacciones de los dos *sub-dominios primordiales de inducción D_1 y gravitación D_2*.

El dominio material se extiende sobre una banda ecuatorial de la hipersuperficie de convergencia $Z\Phi$ de la Unidad Existencial.

Las distribuciones radiales de los *sub-dominios de inducción y gravitación primordial* son <u>funciones exponenciales</u> de las unidades de *cargas primordiales,* de las unidades de rotación de la *sustancia primordial* que compone el *fluído primordial*; es decir, la rotación de las unidades de *carga primordial* graficadas a lo largo del radio desde $Z_{LÍM}$ hacia $Z\Phi$, y desde Zn hacia $Z\Phi$, son funciones exponenciales, tramos de curvas "caracol" que mencionamos en la sección Función Patrón de Re-Distribución Universal.

La intersección de estas distribuciones sobre la hipersuperficie de convergencia $Z\Phi$ de la Unidad Existencial forma la estructura de *circulación k* a lo largo del hiperanillo ecuatorial $h\Phi$ de $Z\Phi$.

Este comportamiento de la sustancia primordial, que son unidades de *carga primordial* cuyas versiones en nuestro dominio material son las *cargas eléctricas*, es primordial, es decir, que en todo entorno cerrado temporal, la re-distribución de dos sub-dominios de asociación de *sustancia primordial* (en la Unidad Existencial) o de partículas primordiales (en nuestro universo) van a resultar en un arreglo de *circulación* dentro de ese entorno; de un arreglo de circulación de partículas materiales que resultan de la interacción de esos dos sub-dominios de partículas primordiales.

El arreglo de circulación k resultante de las interacciones de los dos *sub-dominios de inducción y gravitación primor-*

diales tiene una componente que es eterna, absolutamente constante. Esto es una consecuencia natural, primordial: la interacción de infinitas versiones de re-distribuciones exponenciales de dos sub-dominios en oposición de fase (D_1 y D_2 son de fases opuestas en la dirección radial), de un manto de rotaciones (el manto de *fluído primordial* es un manto de unidades de rotación), generará un anillo de circulación en el entorno de convergencia, con una componente sinusoidal que será la componente fundamental, la "portadora" eterna de todas las re-distribuciones materiales temporales que convergen a ella. (La "portadora" material es análoga a la corriente sinusoidal en un resistor en el arreglo RLC en paralelo en el sub-espectro electromagnético. Las otras dos "portadoras" son las corrientes en C y L, respectivamente D_2 y D_1).

Desde una periferia de cualquier configuración desde la que se excitan cambios radiales hacia el interior de un volumen de *fluído primordial*, se va a generar, por el mecanismo antes descripto, una estructura de circulación k. Ver la Figura XXV.

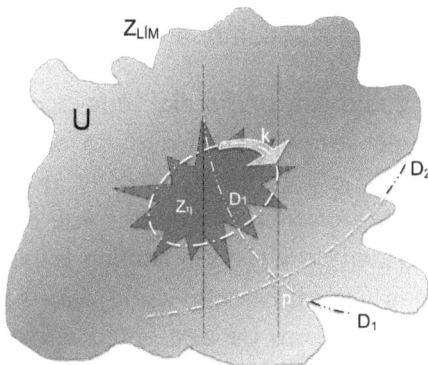

Figura XXV.
Generación de la estructura de circulación k de la Unidad Existencial por intersección de los dominios D_1 y D_2. No se muestra

aquí la estructura de asociaciones que se desarrolla en el entorno del punto (p) de convergencia (estructura que es arrastrada sobre el hiperanillo hΦ). k representa aquí el *flujo de circulación del manto* que "arrastra" las estructuras materiales inmersas en él que no se muestran (esas estructuras son Alfa y Omega, y las estructuras menores entre ellas).

La variación en el tiempo de las distribuciones exponenciales que convergen a ZΦ genera todas <u>las componentes *temporales* del arreglo de circulación fundamental, *constante*</u>. La componente "portadora" de la circulación de la Unidad Existencial es la componente temporal fundamental, la que tiene mayor período. La inversa de este período es la frecuencia "portadora" del proceso existencial, de la FUNCIÓN EXISTENCIAL consciente de sí misma. Ver Figura XXVI.

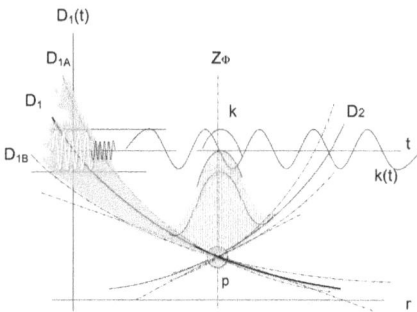

Figura XXVI.
Variación de la circulación k por variación en el tiempo de los sub-dominios D_1 y D_2.

En la Figura XXVII(B) se ilustra la variación de la estructura de circulación k, entre dos estados límites alrededor del valor medio k_{MED} por las variaciones D_{11} y D_{22} de las distribuciones D_1 y D_2. No vamos a explicar más detalles de estas variaciones de D_1 y D_2 a-hora (ya vistos por las disociaciones y re-asociaciones de sustancia primordial), excepto mencionar que <u>los diferentes volúmenes espaciales que definen a D_1 y D_2 determinan diferentes rapideces de re-distribuciones en las diferentes "capas" de D_1 y D_2</u>, lo que causa una configuración particular más parecida a la de la Figura III(B), en "capas de cebolla", una distribución discreta sobre una portadora exponencial continua.

¡ATENCIÓN!
Notemos la distribución de temperatura dibujada como [Ξ/e*] para mantener la convención con nuestra temperatura. <u>La distribución real de la relación [Ξ/e*] es inversa a ésta.</u>

La hipersuperficie periférica $Z_{LÍM}$ puede verse como una superficie cuyos puntos pulsan hacia adentro, a una frecuencia infinita en cada punto, con una longitud de onda casi nula ($1/\infty$) en la dirección radial; y pulsa a una frecuencia infinita en otra dimensión de infinidad en cualquier dirección sobre ella, pero <u>la superficie como unidad no pulsa.</u>

La asociación por la puesta en fase de las pulsaciones que se re-distribuyen desde $Z_{LÍM}$ generan las hebras energéticas.

(a)
Refrescamos, con una conocida analogía.
Dominios o sub-dominios energéticos son espacios del manto de *fluído primordial* definidos por diferentes asociaciones de sustancia primordial que se comportan como una unidad energética. Por ejemplo, los hielos polares son un sub-dominio de moléculas de agua en la Tierra, el vapor de agua de la atmósfera es el otro sub-dominio de moléculas de agua, y los océanos conforman una interfase entre ambos sub-dominios, hielo y vapor.

Capacitor Binario

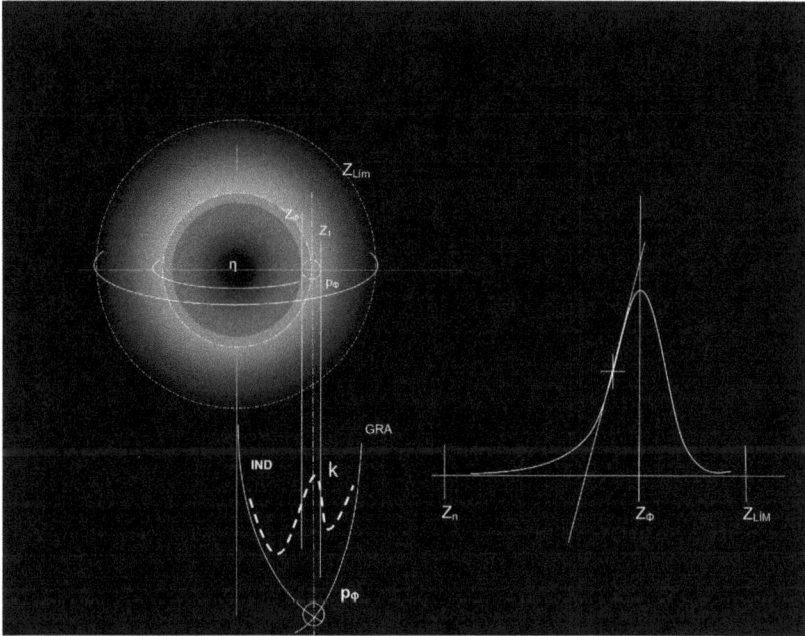

Figura XXVII(A).
Unidad Existencial, Colosal Capacitor Binario.

En el detalle de la derecha hemos transferido al eje [x-x] la referencia natural dada por el valor medio de las curvas exponenciales D_1 y D_2 (GRAVITACIÓN e INDUCCIÓN primordiales).

Podemos referirnos al capacitor binario como una *bomba energética primordial*. Su "diafragma", la hipersuperficie $Z\Phi$ de convergencia energética, es una estructura pulsante "portadora" de toda la información que define a la Forma de Vida Primordial, la que se transfiere a todos los entornos de la Unidad Existencial.

Gravitación e Inducción Primordiales

Circulación

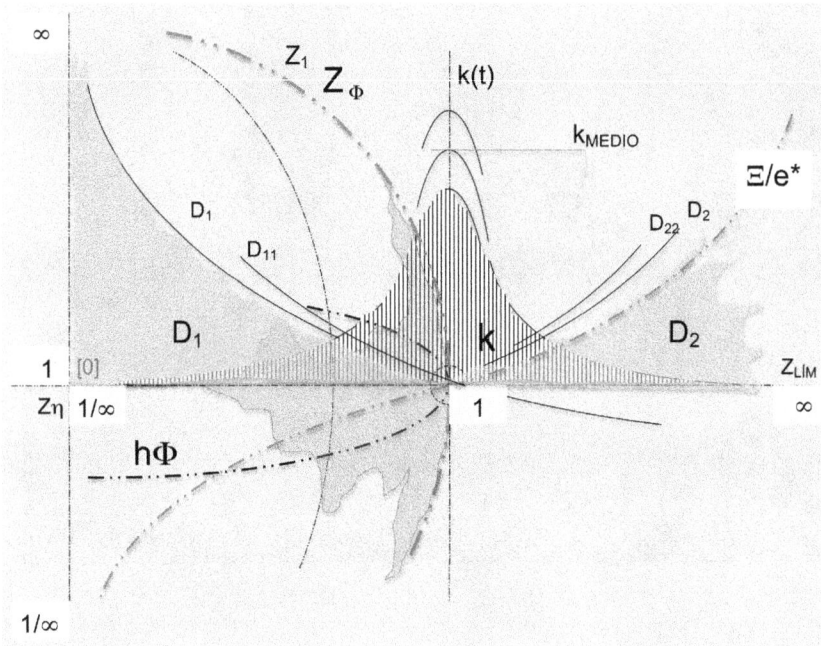

Figura XXVII(B).
Curvas de distribuciones energéticas D_1 y D_2, hacia $Z\Phi$; y de k, la circulación alrededor y sobre la hipersuperficie $Z\Phi$.

Notemos la distribución de temperatura dibujada aquí como [Ξ/e*] para mantener la convención con nuestra temperatura. <u>La distribución real de la relación [Ξ/e*] es inversa a ésta</u>. Nuestra temperatura absoluta de 0°K es la que corresponde a la relación [Ξ/e*]=1 en $Z\Phi$.

XXIX

Teoría de Todo

La *Teoría de Todo* o *Teoría Unificada* que busca la comunidad científica es la estructura racional que explica y relaciona coherente y consistentemente todos los aspectos energéticos de nuestro universo, y permite unificar las dos teorías sobre las que se desarrolla la modelación actual espacio-tiempo del proceso UNIVERSO: las teorías de relatividad general del *campo gravitacional*[a] y del *campo cuántico*[b].

La Teoría de Todo es la modelación de la estructura y funcionamiento de nuestro universo sobre un solo *campo de fuerza primordial* en el que tienen lugar los *campos gravitacional y cuántico* como componentes inseparables del *campo primordial de naturaleza binaria*. La naturaleza binaria del proceso existencial está implícita en el modelo actual espacio-tiempo de nuestro universo.

Buscamos consolidar las leyes universales.

Por leyes universales nos referimos a las leyes que rigen la redistribución energética en nuestro universo, en el entorno de la Unidad Existencial que alcanzamos desde la Tierra.

Las leyes universales son válidas solamente en nuestro universo, y dentro de él tenemos versiones que dependen de la *nuclearización universal*[c] a la que pertenece el entorno energético que exploramos.

Estamos en el sistema solar, un componente de la galaxia Vía

Láctea, nuclearización a la que se subordina el sistema solar del que somos parte de una sub-unidad binaria del mismo: la sub-unidad [Sol-Tierra].

Como ya vimos en la sección Sustancia Primordial, la presencia en el manto de *fluído primordial* de toda asociación de sustancia primordial, y mucho más aún la presencia de alguna nuclearización universal, modula o re-ajusta la distribución del *fluído primordial*. No estamos diciendo nada nuevo realmente. La teoría gravitacional nos dice de la afectación del campo de fuerzas por la presencia de un objeto; pero, a esta modulación se le superponen otras en otros niveles que simplemente por su orden de magnitud no pueden ser observados y explorados de la misma manera que las modulaciones gravitacionales. El *campo cuántico* es establecido por modulaciones de entornos muy pequeños del campo gravitacional, y <u>en esos entornos de gradiente gravitacional casi nulo la modulación es sobre las circulaciones del entorno</u>, no sobre los gradientes de la distribución gravitacional.

En relación a lo anterior, recordemos la Figura VIII en la sección de Sustancia Primordial.

La densidad de rotación contenida por las partículas primordiales, en la distribución espacial de izquierda a derecha, define el gradiente gravitacional en esa dirección; pero si una partícula modula un entorno, tal como el encerrado e indicado por la línea de puntos en el centro de la Figura VIII, <u>el efecto de las re-distribuciones de la partícula dentro de ese entorno no afecta al gradiente del campo gravitacional sobre el que se encuentra el entorno, porque el campo gravitacional total depende de la cantidad total de masa y no de la distribución local en cada entorno</u>, aunque las re-distribuciones de la partícula sí obliga a una re-distribución de la pulsación en todo el manto de *fluído primordial,* re-distribución que no será detectada sino en el entorno explorado; y ese entorno tiene una distribución espacial que responde a una función temporal en otra constante de tiempo completamente diferente a la del campo gravitacional que es su entidad "portadora". Es lo mismo que ocurre en nuestros sistemas de comunicaciones:

las relaciones entre los elementos de información que transmitimos no afectan a la portadora (dentro de ciertos límites).

NOTA para la Ciencia.

El entorno interno sombreado de la Figura VIII, si fuera una nuclearización universal [un sistema estelar mostrado en la Figura XXVII(C) por la curva senoidal atenuada], tendría una densidad neta (con respecto a su centro de masa) de un valor que corresponde al de la distribución del manto en ese punto en que se halla el centro Zn de la nuclearización.

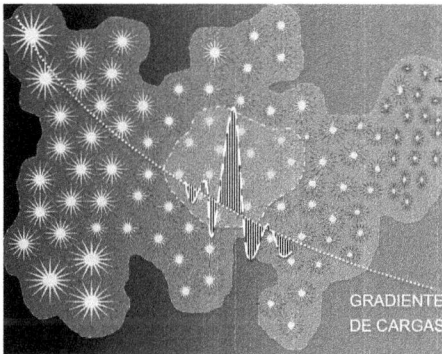

Figura XXVII(C).

Nuestras leyes universales se derivan de un *Principio Primordial*.

El *Principio Primordial* de la Unidad Existencial que sustenta el proceso consciente de sí mismo no se puede reconocer sino hasta después de reconocer la única configuración espacial de la Unidad Existencial que puede sustentar el proceso consciente de sí mismo del Universo Absoluto de Vida del que nuestro universo es parte.

El reconocimiento de la configuración de la Unidad Existencial es mandatorio y precede a cualquier intento para la consolidación de las leyes universales en nuestro universo, pues, una vez más, ellas, nuestras leyes universales, son válidas solamente en nuestro universo, aunque son versiones del *Principio Primordial en la*

Unidad Existencial del que se derivan todas las versiones en todos los entornos espaciales y temporales de la Unidad Existencial.

Ya tenemos la configuración de la Unidad Existencial.

Tenemos su estructura energética TRINITARIA PRIMORDIAL sobre la que se establece y sustenta la FUNCIÓN EXISTENCIAL consciente de sí misma, cuya identidad es DIOS; es la estructura que en el nivel puramente energético constituye el *sistema termodinámico primordial*, el sistema que necesitábamos para identificar las bases para formular la Teoría de Todo. Nos introduciremos al *sistema termodinámico primordial* algo más adelante, luego de revisar un sistema termodinámico simple.

Ya vimos que en la estructura energética de la Unidad Existencial, a la que ahora podemos referirnos como el *sistema termodinámico primordial,* hay una componente fundamental, una componente "portadora" de la distribución de sustancia primordial que conforma el manto de *fluído primordial*; distribución sobre la que se desarrolla la configuración del *campo de fuerza primordial* del *sistema termodinámico primordial*. Esta es la configuración a la que había que llegar para identificar las bases para luego formular la Teoría de Todo que busca la ciencia. Como componente "portadora" ella tiene todas las modulaciones, los reajustes o *versiones locales* de los campos de fuerza en todos sus entornos locales temporales. El *campo de fuerza primordial* es una "manta" que oscila senoidalmente (como cuando sacudimos nuestras mantas al tenerla fija por un borde en la cuerda de secado en el patio de casa) conteniendo todas las componentes temporales que junto a ella conforman la distribución media que es absolutamente inmutable (conforme a la *Transformada de Fourier* de una configuración de dos trenes de ondas recíprocas, como ya vimos en la sección Descripción Matemática de la Eternidad). Esta componente media, inmutable eternamente, es la REFERENCIA ABSOLUTA del proceso existencial para el intercambio puramente energético o de cantidades de rotaciones, de cargas primordiales, y para las interacciones entre constelaciones de información y experiencias por cuyas comparaciones se sustenta la consciencia de sí misma de la FUNCIÓN EXISTENCIAL, es decir, del reconocimiento con entendimiento de sí misma de la Unidad Existencial.

Diremos lo siguiente, muy formal, científico, y luego una analogía simple para todos.

La REFERENCIA ABSOLUTA es la cantidad de carga, de rotación, de energía de la sustancia primordial contenida en la Unidad Existencial, por una parte. Y por otra parte, la mitad de esta cantidad ABSOLUTA es el valor medio de todas las re-distribuciones energéticas, de cargas (de rotaciones de la sustancia primordial y sus asociaciones), sobre toda la hipersuperficie de convergencia energética $Z\Phi$ de la Unidad Existencial en cada instante, o sobre todo el período T_U de re-distribución de toda la Unidad Existencial para una partícula de prueba en un punto dado de la hipersuperficie $Z\Phi$.

La REFERENCIA ABSOLUTA inmutable es eso, un valor real, constante, inmutable, que para todas nuestras ponderaciones relativas es el UNO ABSOLUTO; y es el valor CERO del resultado de la integración, en cada instante, de todas las re-distribuciones que ocurren sobre toda la hipersuperficie $Z\Phi$ y que convergen a, y divergen desde toda ella, cuando se compara este resultado con el valor medio inmutable del volumen de cargas; es también el valor CERO del resultado de la integración, en cada período T_U, de todas las re-distribuciones que ocurren en un punto dado de la hipersuperficie $Z\Phi$ y que convergen a, y divergen desde ese punto, cuando se compara este resultado con el valor medio inmutable del volumen de cargas.

Ahora, la analogía.

La suma del agua presente en la Tierra es una constante (en nuestra dimensión de tiempo); el volumen es UNO ABSOLUTO (la cantidad de nuestros trillones de litros de agua que sean), pero varía su distribución en tierra, mares y atmósfera, continua, ince-

santemente, pero manteniendo el volumen total UNO ABSOLU-
TO. (No consideramos la disociación de agua en oxígeno e hidrógeno en la alta atmósfera y que se "pierde" como agua de la Tierra). El valor medio de toda el agua se verifica sobre la hipersuperficie de convergencia de la Tierra, que usualmente consideramos que es la superficie del nivel del mar, sin embargo, está algo
por debajo de ella, de modo que la cantidad total de agua por debajo de ella y por encima de ella son iguales.

Todos los años tienen lugar diferentes re-distribuciones del a-
gua en el planeta ya sean por lluvias normales, o por tormentas,
huracanes, tifones, y sequías por aquí o por allí, pero el volumen
total de agua no cambia. Y el valor medio de todas las re-distribuciones, instante a instante sobre toda la hipersuperficie de convergencia, es constante.

**Una vez que se ha reconocido la configuración espacial de
la Unidad Existencial y la componente fundamental, "portadora" de la distribución general, entonces podemos describir
racionalmente esa componente fundamental con respecto a
la REFERENCIA ABSOLUTA, y luego ver las diferencias con
nuestras versiones naturales (nuestras componentes temporales) por un lado, y en relación a las referencias locales que
definamos, por otro lado. Por ejemplo, si usamos la atmósfera como referencia y su composición varía, no nos daremos
cuenta pues es nuestra referencia. El manto solar es nuestra
referencia para el cálculo de masa y de las fuerzas orbitales y
todo eso, pero el manto energético en otro sistema estelar
tiene otra densidad, y las fuerzas son diferentes a las nuestras; no obstante, están vinculadas al mismo manto galáctico
aunque en diferentes entornos con diferentes densidades de
rotación y pulsación del *fluído primordial*.**

En este momento es que tienen lugar las matemáticas, no antes, y la descripción matemática sería válida eternamente si la referencia reconocida y empleada es la que es constante en toda la
Unidad Existencial, y si la variable independiente para evaluar un

proceso energético local fuera realmente independiente del entorno de proceso, cosa que nunca ocurre pues físicamente no tenemos acceso a los valores primordiales sino a los locales.

Luego, una vez establecida precisamente la descripción *general* racional, matemática, <u>de la distribución espacial fundamental</u>, veremos que ésta se descompone en componentes temporales, y estableceremos las *relaciones generales* entre esas componentes temporales y la fundamental, lo que es simple, pues ya lo hacemos en nuestro entorno. Pero, <u>siempre tendremos que determinar la *relación particular* entre las componentes temporales en el entorno en el que nos encontremos explorando el proceso de distribución energética</u>. Energéticamente, excepto una sola relación primordial, no hay nada constante en el proceso existencial, sino que, dada la brevedad del proceso que exploramos, la evolución universal es absolutamente despreciable en nuestra dimensión de tiempo. Las únicas relaciones constantes son, como ya vimos, entre las cantidades de re-distribuciones de los sub-dominios primordiales D_1 y D_2, las que son iguales en todo instante de proceso, $[D_1=D_2]$, y que su suma $[D_1+D_2]$ es recíproca a la suma de todas las variaciones del dominio material (relaciones que veremos otra vez en el *sistema termodinámico primordial*). Energéticamente, por una parte, si una constante dada cambia o evoluciona en un uno por ciento cada millón de años nuestros, no va a afectar a la validez de nuestras relaciones causa y efecto de procesos locales que solo importan por algunos pocos cientos o miles de años; pero, por otra parte, si nuestra referencia de tiempo cambia, y en billones de años el cambio es significativo, no sabemos cómo afecta a nuestras interpretaciones de una evolución del universo que ocurre sobre, precisamente, billones de años nuestros. En cambio, la consciencia del proceso sí es constante, pues es la suma de interacciones entre dos unidades inseparables entre las que se transfiere continuamente, sin cesar, el proceso consciente de sí mismo.

Revisitemos ahora al Principio Primordial.

Principio Primordial que permite la consolidación de las leyes universales en nuestro universo.

El *Principio Primordial* no da lugar a la configuración primordial de la Unidad Existencial; no, sino que <u>la presencia de la configuración primordial genera el *Principio Primordial*</u> que rige todo lo que ocurre dentro de ella.

Para llegar al reconocimiento del *Principio Primordial* no podíamos partir de nuestras expresiones matemáticas que describen las relaciones causa y efecto de nuestros entornos energéticos, aunque nuestras expresiones sí son versiones del *Principio Primordial*, pero con términos constantes, o factores, que tienen en cuenta parámetros que son característicos solamente de nuestros entornos energéticos, ¡y que son también diferentes de otros entornos de nuestro propio universo!

Primero había que reconocer la configuración espacial de la Unidad Existencial, y entonces se haría evidente a sí mismo el *Principio Primordial*.

Sin embargo, en nuestro universo ya venimos usando una versión del *Principio Primordial*, *Armonía*, sin habernos dado cuenta de ello.

Armonía es la característica de relación entre los componentes por cuyas interacciones se establece, define y sustenta una unidad existencial.

La Unidad Existencial absoluta se compone de infinitas componentes temporales, y la relación entre ellas se describe por las dos Series de Fourier cuya suma es la Unidad Existencial.

Luego, por extensión,

Armonía en cualquier y toda unidad existencial temporal es la característica dada por las relaciones entre los componentes de las Series de Fourier por las que se describe matemáticamente a la unidad existencial temporal.

Notemos que podemos describir cualquier estructura material, con cualquier arreglo espacial, con cualquier "forma de onda", por una serie de ondas senoidales.

La onda senoidal es la oscilación patrón primordial.

Todo arreglo material es una serie, una asociación de unidades de rotación, de cargas (de elementos de sustancia primordial con rotación) cuya variación genera las oscilaciones senoidales en el manto de *fluído primordial*; y viceversa.

Resumen de las orientaciones y aspectos del proceso existencial que fueron necesarios reconocer para alcanzar la configuración espacial de la Unidad Existencial y la componente fundamental de su distribución interna.

- Eternidad es el punto de partida para encontrar las bases para formular la Teoría de Todo.

  Eternidad ya ha sido reconocida teológica y científicamente.

  Científicamente ya se describe matemáticamente la eternidad, aunque no nos hayamos dado cuenta de ello.

  La eternidad a la que nos referimos es la eternidad de la energía,

  "Energía no se crea ni se pierde; sólo se transforma";

  y es la eternidad de lo que contiene a la energía existencial: la presencia de un manto de *fluído primordial* y las estructuras materiales inmersas en él; manto cuya configuración espacial es la Unidad Existencial.

- Reconocimiento de la sustancia primordial, su naturaleza binaria y sus propiedades.

  "Nada puede crearse de la nada".

- Reconocimiento de la interacción de la sustancia primordial y sus asociaciones en la periferia límite $Z_{LÍM}$ del manto de sustancia primordial.

- Reconocimiento del *fluído primordial*, nivel primordial sin asociaciones de la sustancia primordial, sobre el que se desarrollan las re-distribuciones de cargas, de rotaciones que dan lugar a los *campos de fuerzas.* La presencia del *fluído primordial* ya ha sido reconocido en el modelo espacio-tiempo de nuestro universo, y expresado matemáticamente como diferentes *campos de fuerzas.*

- **Siendo el manto de *fluído primordial* una entidad binaria, tiene dos componentes: un *campo de rotación* y un *campo de pulsación* (campos *gravitacional y cuántico*, respectivamente).**

(a)
Campo gravitacional es considerado una propiedad geométrica del espacio universal, de la curvatura energética asociada a la geometría espacial, por la que se rigen las relaciones entre los objetos presentes e inmersos en el espacio.

Es dado por los gradientes de distribución espacial de las rotaciones de los elementos del manto de *fluído primordial*; por los gradientes inducidos hacia el centro del manto por la nada absoluta fuera del manto.

(b)
Campo cuántico trata a las partículas como estados de excitación de un campo de fuerzas que es el campo "portador" de los estados de excitación.

(c)
Nuclearización universal es toda asociación natural que caracteriza a las partículas primordiales y sus asociaciones que conforman *unidades de circulación* del manto energético primordial con una componente de rotación preferencial que las distingue como tales (con un eje de rotación preferencial). Un trozo de material cualquiera, una roca, es una *unidad de circulación*, pero no tiene un eje de rotación preferencial sobre su superficie que contiene la asociación que lo establece y define.

XXX

Sistema Termodinámico Primordial

Uno de los grandes problemas asociados con el origen del universo, la modelación de su evolución y el proceso universal en todos sus entornos espaciales y temporales, se refiere a la singularidad energética, a un "paquete" particular de energía disponible sobre el que se produjo el "disparo" que dio inicio al evento del Big Bang, a la expansión que resultó en nuestro universo.

La característica del "paquete" de energía disponible que la ciencia interpreta como singularidad[a] en el Modelo Cosmológico Standard se debe a una simple cuestión de percepción racional que ya señalamos. En nuestra dimensión de tiempo se interpreta como una expansión violenta a un proceso real de expansión que tuvo lugar a otra rapidez, a otra constante de tiempo diferente a la que hoy se asume.

Ya hemos mencionado algunas consideraciones que invalidan la característica de singular del "paquete" de energía, y que orientaron el reconocimiento final de la Unidad Existencial que hemos presentado en este libro. A continuación, en esta sección vamos a darle una mirada a un aspecto fundamental de todo sistema termodinámico (sistema de intercambio energético) que está íntimamente relacionado con la invalidación de la singularidad del "paquete" de energía desde el que se inició nuestro universo.

Aunque es presentado de manera muy simple, lo que sigue es principalmente para la comunidad científica; pero luego vamos a ver lo mismo para todos, en el apartado Sistema Termodinámico Básico y en referencia a la Figura XXVIII.

Para la comunidad científica, la consideración del universo como la Unidad Energética, absolutamente aislada, es lo que no le permite reconocer el verdadero alcance de la *Segunda Ley de la Termodinámica* que ahora revisaremos y entenderemos.

El argumento fundamental aquí es que nada puede expanderse a la nada.

Si un "paquete" de energía se expandió, y continúa haciéndolo, es porque hay un espacio energético presente que lo permite; luego, nuestro universo es parte de otra entidad que permite su presencia y expansión.

De modo que,

nuestro universo no es una entidad energética absolutamente aislada, pues se expande sobre, y <u>a expensas de otra entidad, de otra dimensión de energía cuya presencia la comunidad científica ya comienza a reconocer</u>.

Por lo tanto, la Segunda Ley de la Termodinámica es una versión temporal para nuestro universo; versión que es válida durante el semiperíodo de su expansión, y como componente del sistema del que forma parte y que contiene al otro dominio de energía sobre el que él se expande.

El que al final se vea a nuestro universo bajo un estado de total incapacidad de recuperarse, de una total falta de energía disponible para intercambiar (de máxima entropía, como se refiere en la ciencia), se debe a que ese estado es el estado de transición por el que pasa por un "instante" en el proceso eterno, hacia el estado de contracción; es el instante en que se hay un punto de inflexión en la curva que describe la evolución en el tiempo del proceso universal entre sus dos estados límites, expansión y contracción con respecto a un estado medio. Es lo que realmente ocurre en todo sistema armónico en nuestra dimensión existencial, **en todo sistema que es derivado del sistema armónico primordial, el** *sistema termodinámico primordial.*

¡ATENCIÓN!

Todo en el universo evoluciona ahora hacia un estado de máxima entropía porque el universo, su manto energético, tiene la distribución "portadora" del fluído energético, y todo se subordina a él, pero luego esta distribución alcanza el punto de inflexión desde el que se inicia su contracción.

El universo es parte de un sistema armónico primordial y su recuperación no depende de sólo sí mismo sino de los otros componentes del sistema que es siempre trinitario, como ya lo veremos enseguida.

Un sistema armónico es un sistema de intercambio cerrado trinitario en el que ninguno de sus componentes puede alcanzar, jamás, un estado de reposo absoluto, permanente.

Lo sabemos.

Lo experimentamos en otras constantes de tiempo en los sistemas cerrados locales, en las configuraciones resonantes de nuestras aplicaciones electrónicas en el sub-espectro electromagnético (ELM), en las configuraciones RLC [resistor (R)-inductor (L)-capacitor (C)].

Para la ciencia sólo es necesario mostrar que,

- Aún en nuestro universo (un entorno temporal de la Unidad Existencial) todo sistema termodinámico local, interno, es un sistema de intercambio trinitario;
- pero la magnitud del manto energético, del fluído en el que todo se halla inmerso, es muy grande e impone su propia constante de tiempo, su propia versión de evolución a todo lo que se encuentre inmerso en él;
- hasta que el mismo universo alcance el estado de cambio de expansión a contracción por su interacción con los otros componentes primordiales.

La presencia del manto de *fluído primordial* ya presente[b] antes del Big Bang y sobre el que se expandió el "paquete" de energía disponible, y continúa expandiéndose, es reconocido implícita aunque muy limitadamente por la ciencia, al considerar la *energía oscura* y la *anti-materia*.

Ahora para todos,

vamos a revisar la interacción entre una roca que colocamos en un recipiente con agua caliente, y luego la extraemos de regreso a la atmósfera; en ambos casos tenemos un sistema termodinámico simple. Otro caso extraordinariamente simple, controlado y que nos permite ver la estructura de *control del estado de sentirse bien del ser humano* [Ref.(B).(I).2], es el sistema de control de temperatura de un cuarto, de un sistema termodinámico, que no podemos cubrir aquí por razones de extensión. (El arreglo de control de temperatura de la roca será parte del libro a preparar sobre el *Modelo Mecánico Racional de "Instalación Inicial" y Re-Creación de la Unidad Existencial*).

Sistema Termodinámico Básico.

Un sistema termodinámico básico es un sistema de intercambio de energía compuesto del volumen de un entorno de interés, su membrana periférica, y todo el exterior.

El intercambio de energía es el proceso termodinámico por el que el sistema pasa de un estado energético a otro. La expresión termodinámico es porque se evalúa el intercambio entre dos estados energéticos indicados por temperatura.

Notemos que un sistema termodinámico es una entidad trinitaria, no binaria: es el *entorno explorado, su membrana, y el exterior.*

Podemos considerar un entorno solo, aislado de todo el resto, como un sistema termodinámico si dentro de él tiene lugar un intercambio de energía de un entorno a otro; pero, en rigor, sistema termodinámico implica al menos dos componentes intercambiando energía, separados por una membrana que mantiene las identidades de los dos entornos o componentes interactuantes.

Sobre la membrana de separación de los entornos interactuantes es que tiene lugar la comparación por la que se <u>supervisa y controla</u> el intercambio de energía que es <u>estimu-</u>

lado y regido por el manto energético que la permite y la sustenta. El algoritmo de control de interacción está en la membrana de interacción, en la estructura de circulación de la membrana de separación entre los componentes (la membrana de interacción se extiende en el manto universal); y el algoritmo del estado final, de la distribución final, está en la relación entre los estados de pulsación de ambos componentes y el estado de pulsación del volumen del manto ocupado por los componentes. El equilibrio se alcanza cuando la pulsación neta a través de la membrana de separación es nula. Este algoritmo se supervisa sobre la membrana de interacción, en el entorno de convergencia de las interacciones.

¡ATENCIÓN!

En una roca, la superficie de la roca supervisa y controla el intercambio de energía con la atmósfera, con el manto energético en el que se halla inmersa.

El manto energético, la atmósfera en nuestro caso, estimula, fuerza el estado energético de la roca (indicado por temperatura), de manera que la roca presente la misma temperatura que la del manto, pero la superficie de la roca es la que controla el proceso basado en el volumen contenido de roca. El estado de equilibrio entre roca y manto se alcanza cuando la re-distribución interna de la roca es tal que la pulsación interna (normal a la superficie de la roca) es igual a la pulsación que recibe desde el manto; en realidad es hasta que la pulsación del manto "permee" toda la roca y se re-distribuya dentro de ella en oposición a la que recibe desde afuera. El tiempo que tarda en alcanzar el equilibrio para cada cambio en el manto depende de la estructura de asociación de la roca (como en todos los materiales). La temperatura diferencial entre manto y roca es una indicación de la rapidez de re-distribución energética entre manto y roca.

Lo dicho anteriormente constituye una base para reconocer las cargas térmicas como versiones de las cargas primordiales, y análogas a las cargas eléctricas.

Veamos ahora la Figura XXVIII.

Tenemos un espacio U en el que se encuentra inmerso el sistema compuesto por dos dominios de asociaciones D_1 y D_2, separados entre ellos por la membrana Z_A, y ambos, el sistema, separados del resto de U por la membrana Z_B.

Esta configuración es universal;

es la de una roca (D_2) que se encuentra en la atmósfera, en el agua o dentro de una habitación (D_1); es el caso de dos estructuras cualesquieras del universo (D_1 y D_2) separadas por una membrana Z_A, y contenidas por una membrana Z_B; y es el caso de la Unidad Existencial en que aquí D_1 representa a Alfa en el dominio material (no al sub-dominio primordial) y D_2 representa a Omega, también en el dominio material. Aunque la forma física cambia, se mantiene la estructura energética trinitaria. Recordemos que por las propiedades topológicas del fluído primordial, sobre diferentes configuraciones espaciales se puede conservar la función o configuración de proceso energético.

Tomemos el caso de una roca que está a temperatura ambiente. Tiene una temperatura T_r inicial, y la sumergimos en agua a la temperatura T_a, caliente. Luego sacamos la roca de allí y la regresamos a donde estaba, a enfriarse a la temperatura que tenía inicialmente, la temperatura de la atmósfera.

Decimos que ha habido intercambios de energía térmica, a los que equivocada y frecuentemente tomamos como intercambios de temperatura porque el agua se enfría un poco por la inmersión de la roca fría. En realidad, hay primero una interacción hacia un equilibrio térmico entre agua y roca, a una temperatura intermedia entre la inicial de la roca, T_r, y la del agua caliente, T_a; y luego, si dejáramos la roca en el agua, roca y agua se enfrían a la temperatura ambiente de la atmósfera.

Conocemos este intercambio, por experiencia. Es muy simple, sin embargo, es de extraordinaria importancia, a pesar de su simplicidad, si exploramos lo que ocurre en detalle entre los átomos de la roca que conforman el objeto de interés; entre los átomos y todas sus partículas primordiales que cambian sus densidades de

rotación, de cargas primordiales.
No vamos a entrar en detalles ahora.
Lo que deseamos señalar es lo siguiente.

- En este ejemplo simple, el componente de mayor volumen energético, la atmósfera, es el que va a imponer el estado energético final. Nada puede hacer variar el estado energético de la atmósfera, excepto una fuente de mayor potencial, el Sol (exceptuando incendios forestales, erupciones, rayos y otras fuentes naturales, que son parte de la atmósfera en este caso. Tampoco hablamos de nuestras intervenciones humanas).

- Temperatura es medida de un cambio cuyo estado final es controlado por el nivel primordial del manto energético en el que se encuentra el sistema interactuante. En este caso, la atmósfera es el nivel del manto energético que condiciona el estado final de la roca. Cuando actúa el Sol, es el estado de pulsación de la atmósfera (debido a la pulsación solar) el que condiciona el estado final de la roca. La pulsación del manto incrementa su temperatura. La pulsación del Sol se suma a la pulsación propia del manto galáctico, y todo se transfiere a la atmósfera, y de allí a todo lo que se halle inmerso en ella. Lo importante es reconocer que hay un nivel de pulsación en el manto energético por el que todo puede transferirse, y que estimula la transferencia hacia un estado final, de equilibrio, dado por el nivel de mayor "peso" energético del manto, de mayor potencial energético. El Sol pareciera tener mayor potencial que el manto galáctico, pero el Sol modula sólo un entorno reducido del manto galáctico, y por el tiempo de vida del Sol, mucho menor que el del núcleo de la galaxia. Observemos que hay que "separar" las "capas" de energía del manto energético, del océano de *fluído primordial*.

Hasta aquí estamos bien con la Segunda Ley de la Termodinámica sobre todo sistema termodinámico en nuestro universo.

La pulsación de nuestro universo condiciona el estado energético final de todo lo que se halle inmerso en él, indicado por la temperatura del objeto observado.

Pero el manto universal es modulado de diferente manera por las galaxias, y en cada galaxia es sub-modulado diferente por la pulsación de sus estrellas, lo que hace que en cada instante la re-distribución de energía no sea igual en todas las direcciones espaciales, es decir, que tenga diferentes rapideces de re-distribución, diferentes constantes de tiempo de re-distribución.

Nosotros no tenemos acceso a esas constantes de tiempo en las diferentes partes y direcciones del universo. Sólo recibimos, a nivel del manto galáctico, el promedio[*] de toda la pulsación, de toda la radiación que converge hacia nosotros, a la que se le suma la del Sol.

[*]NOTA.

Este promedio no es necesariamente el promedio universal debido a las diferentes constantes de tiempo del manto universal; luego, tenemos que re-interpretar la radiación cósmica como fuente de información del origen del universo (además de que lo que observamos sobre el lejano universo no está en tiempo real).

Acabamos de ver que a menos que el sistema termodinámico explorado sea absolutamente aislado de todo el resto fuera de los dos objetos o entornos energéticos que intercambian energía, la temperatura final que alcance el sistema termodinámico explorado será impuesta por el manto sobre el que se sustenta el intercambio, manto que contiene al sistema explorado y a todo lo que se halle fuera de él (manto U en la Figura XXVIII).

Sólo hay un sistema absolutamente aislado: la Unidad Existencial contenida por $Z_{LÍM}$. Fuera de la Unidad Existencial nada se define, nada hay, nada existe, por lo tanto, no hay intercambio energético con la nada fuera de la Unidad Existencial.

De manera que si nuestro universo se expande, cosa que se

confirma en las observaciones, lo hace sobre una entidad con la que nuestro universo conforma un sistema de intercambio energético primordial, un *sistema termodinámico primordial*.

Nuestro universo,
Componente del *Sistema Termodinámico Primordial*.
(Revisitación).

Todo sistema termodinámico es un sistema trinitario.

Luego, por el momento podemos aceptar la configuración binaria que hemos reconocido inicialmente en la Figura III(A), pues la membrana del sistema binario [Alfa-Omega], el tercer componente de la entidad trinitaria, de la TRINIDAD PRIMORDIAL, es el manto de *fluído primordial*. Por propiedades topológicas del espacio, del manto de sustancia primordial, la membrana de separación entre los componentes interactuantes de la entidad binaria puede tomar una forma espacial cualquiera con tal de que separe energéticamente a los dos componentes de la entidad binaria, y mantenga todo absolutamente aislado. Absolutamente aislado está pues nada más hay en la Unidad Existencial; solo la unidad [Alfa-Omega] y el manto de *fluído primordial*. (Las estructuras materiales y anti-materiales sobre la banda ecuatorial hΦ de la Unidad Existencial son parte residuales o "colas" de Alfa y Omega).

¡ATENCIÓN!
El estado final de la unidad binaria [Alfa-Omega] es dado por el manto de *fluído primordial*, y todo parecería que nos introducimos en el mismo problema que teníamos en el universo.
Sin embargo, no es así, pues el manto de *fluído primordial* no puede alcanzar jamás un estado de reposo.
¿Por qué?
La razón es la reacción de la sustancia primordial y sus asociaciones en la periferia, en la hipersuperficie límite $Z_{LÍM}$, donde se

genera permanente, continua, incesante, eternamente, la pulsación existencial.

La distribución energética del *sistema termodinámico primordial* del que se deriva la Segunda Ley de la Termodinámica es regida por la hipersuperficie de convergencia energética ZΦ de la Unidad Existencial. La temperatura absoluta de 0° Kelvin a la que ahora se toma, en el Modelo Cosmológico Standard, como la temperatura de cese de intercambio energético, es la temperatura media en este entorno de convergencia alrededor de ZΦ; es la temperatura UNO Absoluto de la Unidad Existencial.

En nuestro universo estamos sobre una componente oscilatoria de la estructura de circulación de la Unidad Existencial; es la componente fundamental de la *Transformada de Fourier* de las estructuras o los arreglos de circulación de la unidad binaria [Alfa-Omega], o del dominio material más precisamente.

Extendemos el Teorema de Stokes a la Unidad Existencial. Veamos.

- Para un **espacio simple** tenemos que,
  Un entorno superficial de unidades de rotación tiene una rotación resultante neta sobre la periferia del entorno.

  Si esto es verdad, ¿por qué no observamos circulación en un estanque de agua, si el agua es una asociación de moléculas, y éstas son asociaciones de átomos, y éstos son asociaciones de partículas primordiales, y éstas son unidades de rotación jamás nulas?

  Porque el estanque es una asociación de unidades de rotación que está en estado de reposo en nuestro dominio sensorial, y la circulación neta es nula en ese dominio; sin embargo, al arrojar una piedra en él (es lo mismo que introducir un "paquete" de asociación de rotación) causa una re-distribución temporal, transitoria, visible en nuestro dominio sensorial, que vemos como los círculos que se desplazan hacia el borde del estanque partiendo desde donde la piedra entra al agua.

Si continuaran cayendo piedras, tendríamos una generación continua de ondas circulares.

¿Nos gustaría una analogía en otro sub-espectro energético, con otra constante de tiempo, con otra rapidez de proceso de re-distribución de rotación?

Es la re-distribución causada por la corriente eléctrica, por el flujo de "paquetes" de rotación, de cargas eléctricas.

La ley de Ampere es solo una versión para el sub-espectro electromagnético. Un flujo de cargas (de re-distribución de rotación) atravesando una superficie S que contiene cargas eléctricas causa una re-distribución sobre la superficie que se "ve" o detecta como una re-distribución de su circulación; es la re-distribución a la que llamamos *líneas de flujo magnético*.

- Ahora, para un **hiperespacio** de unidades de hiperrotación binarias,

  Un entorno volumétrico de unidades binarias de hiperrotación tiene una distribución de rotación, o una distribución de circulación interna, con respecto a una hipersuperficie interna sobre la que alcanza la máxima circulación.

  En la Unidad Existencial, esta distribución de circulación pulsa por la re-distribución de la disociación y re-asociación de las unidades de hiperrotación que es estimulada desde la hipersuperficie periférica límite $Z_{LÍM}$. El arreglo de circulación es en "capas de cebolla".

  Siendo el manto de *fluído primordial* una entidad binaria, tiene dos componentes: un *campo de rotación* y un *campo de pulsación*.

La Unidad Existencial es una estructura trinitaria de naturaleza binaria.

Los dos componentes interactuantes de la unidad binaria están siempre en estados energéticos opuestos con respecto a un estado medio, por lo que la Segunda Ley de la Termodi-

námica solo cubre un semiperíodo del proceso de re-distribución energética de la Unidad Existencial.

Si nuestro universo tiene un función patrón de evolución o re-distribución energética, esa función es recíproca de la que lo llevó al estado de carga desde el que se inició el evento del Big Bang. Es lo que observamos como las *curvas de carga y descarga de un capacitor*, curvas exponenciales, o logarítmicas (depende de cual sea la variable que se tome como independiente).

El algoritmo de control de un sistema termodinámico está en la membrana de separación entre ambos componentes, en la membrana de convergencia de las interacciones entre ambos componentes; está en ZΦ.

¡ATENCIÓN!

La membrana de separación de los sistemas termodinámicos tiene lo que en los sistemas de control llamamos el *algoritmo de control*, y en los sistemas electrónicos llamamos F/T, la *función de transferencia*, la relación entre salida y entrada de un dispositivo electrónico. Lo único que hacemos al realimentar un sistema cerrado de control es cambiar la rapidez de evolución natural de un objeto, o entorno energético, por la que nosotros deseamos para nuestra aplicación. Por ejemplo, una batería eléctrica sin tener nada conectado entre sus bornes positivo (+) y negativo (-) tiene una vida larga, una duración de su carga eléctrica muy larga; pero al conectarle algo, tal como una lámpara, se acelera su descarga natural, o su evolución natural. La lámpara está conectada en "paralelo" con el aire, con el manto energético entre sus bornes (+) y negativo (-) frente al cual la batería tiene una larga vida. La conexión de algo diferente al aire le cambia la duración de vida a la batería, le cambia su constante de tiempo de su realimentación entre sus bornes (la del aire es muy alta) por otra reducida (por la de la lámpara).

El estado final hacia el que evoluciona el intercambio entre los componentes del sistema termodinámico es dado por la condición $D_1{}^*=D_2{}^*$, que se indica como $(D_1{}^*-D_2{}^*)=0$; es decir, la pulsación diferencial normal a la membrana de interacción es nula. En el estado final, las pulsaciones totales de ambos componentes del sistema son iguales y recíprocas [son opuestas en acción con respecto a la membrana; una disocia y la otra asocia (alternativamente) elementos en la membrana], y esas pulsaciones se subordinan a las del manto energético en el que se encuentra inmerso el sistema y del que es parte la membrana. Obviamente, visualizar internamente este simple mecanismo exige una gran atención detallada de las interacciones entre las células energéticas, moléculas y átomos dentro de cada componente, para poder seguir el intercambio más allá del alcance de las variables que hemos definido para su evaluación. Esta misma condición se observa en los sistemas resonantes (oscilatorios) RLC de nuestras aplicaciones en el sub-espectro electromagnético (ELM). Sobre el resistor R ocurre, superpuesto a su propia actividad interna, un intercambio de cargas eléctricas (o unidades de rotación) entre el inductor L y el capacitor C, y un intercambio con el manto energético (entre cargas térmicas o unidades de rotación cuyo efecto se detecta en el sub-espectro infrarrojo) de los componentes R, L y C, pero de mayor volumen en R por su densa estructura interna, por su red de asociación de cristales y sus átomos.

El manto energético universal tiene la componente "portadora", la distribución primordial a la que se subordina todo lo que es parte de ella en otras constantes de tiempo, en otras dimensiones de proceso.

Veamos algo sobre las distribuciones energéticas "portadoras".

Dominios o distribuciones "portadoras" del proceso existencial y de los intercambios energéticos.

Cuando nosotros tomamos dos frecuencias portadoras diferentes para transferir o intercambiar información por nuestros sistemas de comunicaciones, no podemos "leer" la información del canal que tiene una frecuencia portadora diferente de aquélla a la que está sintonizado nuestro receptor; y sin embargo, ambos canales pueden tener exactamente la misma información. Lo mismo ocurre con los sistemas de nuclearizaciones en el universo. Las nuclearizaciones modulan un entorno del universo con una componente fundamental que es única para cada nuclearización, y sobre esa componente (que es la "portadora" de la nuclearización) se sub-modula todo lo que se halle y ocurra en ella.

Una frecuencia portadora es la frecuencia a la que oscila una estructura energética que radía a esa frecuencia (la estructura de la superficie de la antena, en el sistema de comunicaciones).

Luego, *frecuencia portadora* en comunicaciones es la identidad de la "superficie" portadora que se transfiere al espacio; superficie que está modulada, que contiene información que sub-modula el espacio según una secuencia en todas direcciones normales a la superficie de radiación (a la antena).

Profundizando un poco sobre esto podremos visualizar la función de la hipersuperficie de convergencia energética $Z\Phi$ sobre la que converge toda la información del proceso existencial, y por lo tanto la contiene y re-emite en otros sub-espectros de pulsación.

(a)
Singularidad energética es un entorno espacial infinitesimal de masa infinita (de magnitud inmensurablemente grande).

(b)
Además, hemos reconocido la presencia de la *inteligencia del proceso de evolución* que ya mencionamos y justificamos fuera de toda especulación, por el argumento primordial de que ningún proceso puede generar un resultado más inteligente que su algoritmo de control; y el resultado a obtener es un aspecto de la referencia.

Sistema Termodinámico Básico

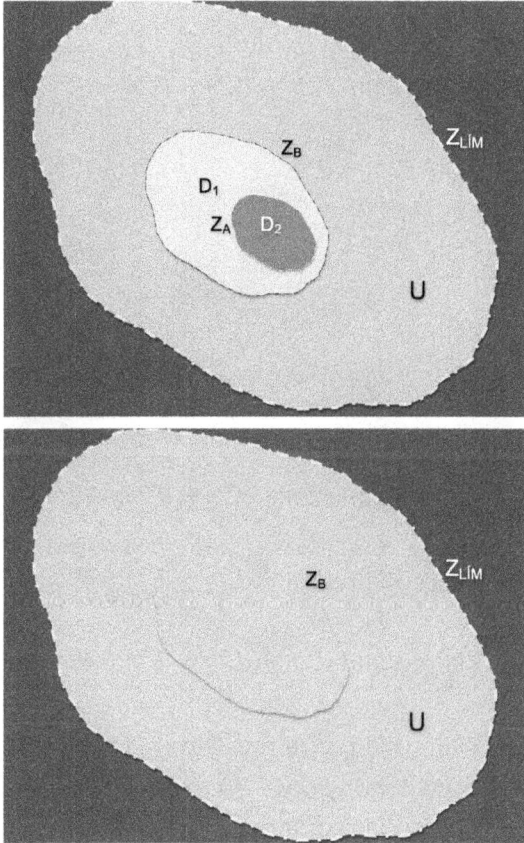

Figura XXVIII.

Sistema termodinámico básico.

El sistema D_1 y D_2 evoluciona primero (más rápido); y simultáneamente (más lento) el entorno que los contiene a ambos componentes (limitado por Z_B) evolucionará subordinado al manto U.

Sistema Termodinámico Primordial

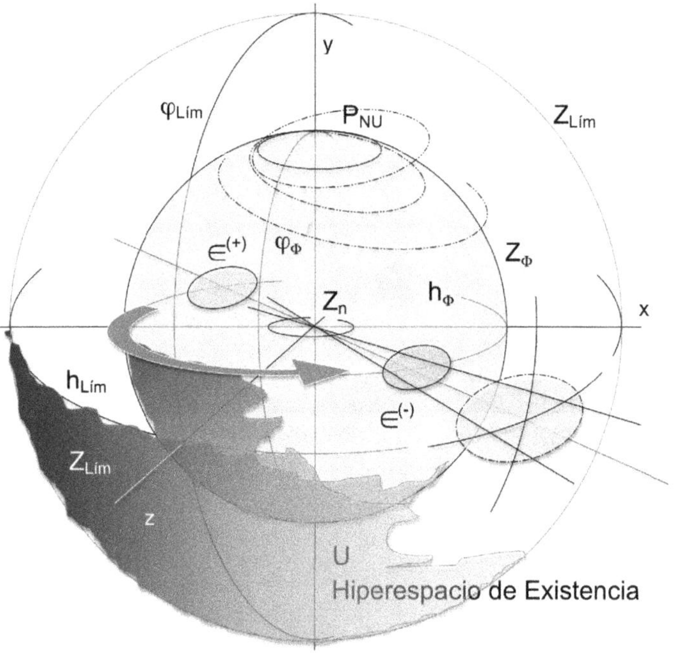

Figura XXIX.

El hiperespacio multidimensional de naturaleza binaria son dos dominios D_1 y D_2 de asociaciones y distribuciones del fluído primordial, "separados" por la hipersuperficie de convergencia $Z\Phi$.

El dominio material se extiende a lo largo del hiperanillo $h\Phi$.

La unidad binaria [$\in^{(+)}$ y $\in^{(-)}$] conforma el *sistema termodinámico del dominio material* junto con el entorno de convergencia de los sub-dominios del manto de fluído primordial. Este sistema es parte inseparable, recíproco del *sistema termodinámico primordial* [D_1-D_2] y el manto U de fluído primordial de la Unidad Existencial.

Estructura de circulación k
del componente Alfa del dominio material

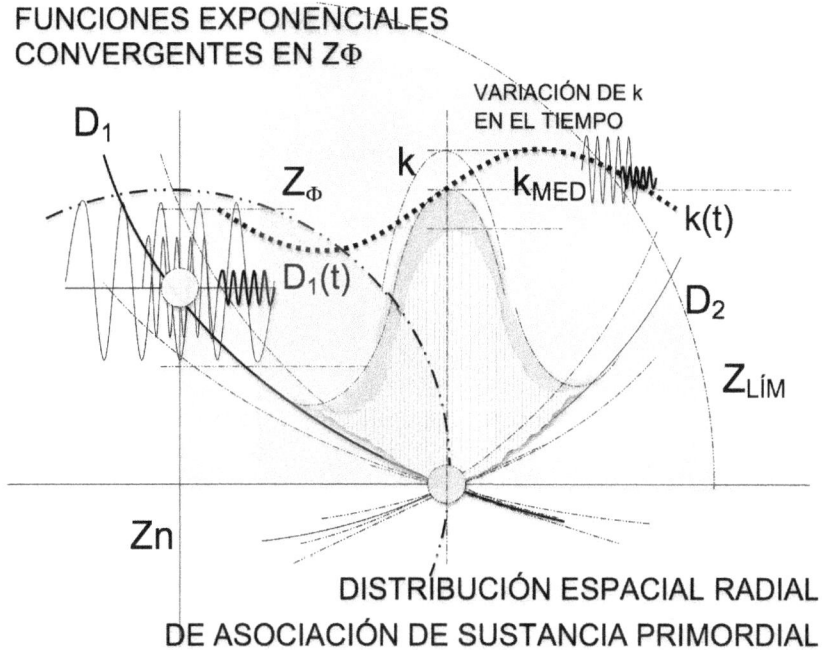

FUNCIONES EXPONENCIALES
CONVERGENTES EN $Z\Phi$

D_1

Z_Φ

k

VARIACIÓN DE k
EN EL TIEMPO

k_{MED}

$k(t)$

$D_1(t)$

D_2

$Z_{LÍM}$

Zn

DISTRIBUCIÓN ESPACIAL RADIAL
DE ASOCIACIÓN DE SUSTANCIA PRIMORDIAL

Figura XXX(A).

El dominio material se compone de la unidad binaria [Alfa (materia)-Omega (*materia "oscura"*)] y todas las asociaciones materiales sobre el hiperanillo hΦ (*materia y materia "oscura"*).

Mostramos la circulación k de la hiper galaxia Alfa, nuestro universo, que varía entre dos estados límites, $k_{MÁX}$ y $k_{MÍN}$.

Las distribuciones D_1 y D_2 varían en el tiempo por las asociaciones y disociaciones que ocurren en el manto de fluído primordial; las componentes temporales son $D_1(t)$ y $D_2(t)$.

Estructura de circulación k
del componente Alfa del dominio material

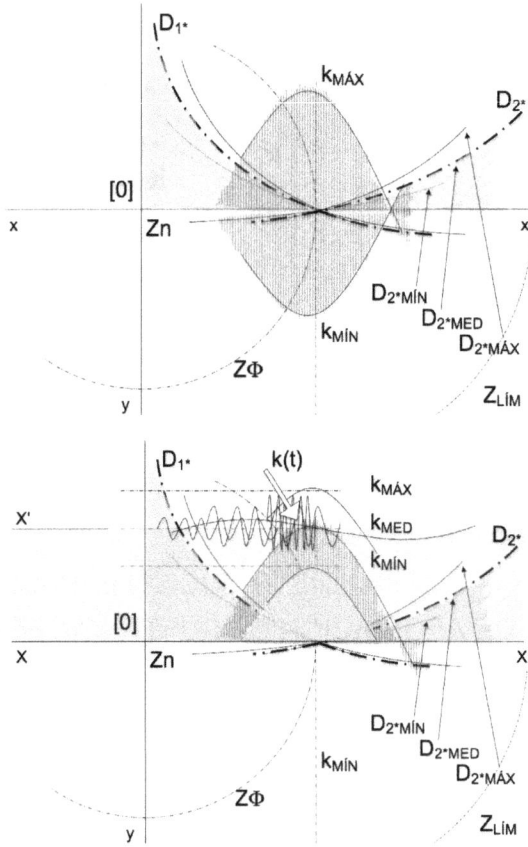

Figura XXX(B).
La estructura de circulación k se refiere a un valor medio k_{MED} nulo sobre el eje [x-x], detalle superior; o con respecto a un valor x' no nulo, detalle inferior.

XXXI

Conclusión

En relación a la Teoría de Todo

Para Todos.

Tenemos una sola configuración por la que se rige todo el proceso universal. Es la Unidad Binaria [Alfa-Omega] en el hiperanillo hΦ del dominio material alrededor de la banda ecuatorial de la hipersuperficie ZΦ. Figuras III(A) y XXIX.

Tenemos una herramienta fundamental para describir todas las interacciones entre los componentes del proceso de re-distribución energética que estimula y rige la presencia de la configuración primordial. Es el producto de dos expresiones matemáticas, dos Series de Fourier: una correspondiente al manto energético, y otra para la partícula u objeto inmerso en él. Es la que se expresa como energía E, la cantidad de movimiento primordial o de rotación intercambiada en el proceso o interacción observado,

Energía = [Cantidad de masa, de asociación de partícula de prueba] x [integral del cambio de rotación del manto energético en la dirección de movimiento],

expresión de la que conocemos su versión más simple,

$E=(\frac{1}{2})m.v^2$

y la famosa expresión de Einstein,

$E=m.c^2$

La "intersección" de ambas componentes $\underline{m}$ y $\underline{v}$ se ve afectada por todo lo que ocurre alrededor del entorno de interacción, y nosotros, si bien podemos entender este proceso conceptualmente, no podemos seguir su evolución con precisión en tiempo real, sino en un entorno limitado por nuestros sentidos y el alcance de la instrumentación. En cambio, <u>mentalmente podemos explorarlo y entenderlo sobre otra dimensión de tiempo no real</u> "enfriando" el proceso sobre las componentes portadoras (la configuración primordial) y sub-portadoras (las configuraciones en las galaxias y sistemas estelares), y haciéndolo más lento en el entorno infinitesimal; pero <u>no podremos predecir con certidumbre el estado de cada componente en un momento dado real sino el de la configuración portadora</u> que alcanzamos con los sentidos o la instrumentación. En el nivel infinitesimal de exploración en nuestro dominio existencial, <u>el átomo es la unidad de circulación más pequeña análoga a la Unidad Existencial a la que podemos llegar</u> físicamente (a través de la instrumentación, no de los sentidos).

Dicho de otra manera,

una vez que se conoce la configuración primordial, podemos extender esa configuración a toda dimensión del dominio material, y de ese modo saber qué esperar de las interacciones entre las asociaciones materiales, pero no podremos seguir en tiempo real a cada componente de sus entornos infinitesimales.

Observamos una galaxia.

Pues, todo lo que ocurre en ella tomó millones de años nuestros.

Observamos un átomo.

La configuración energética del entorno espacial del átomo no difiere, globalmente, del entorno de una galaxia; no obstante, todo ocurre en fracciones de millonésimas de segundos y no tenemos capacidad física para seguir esos cambios tan rápidos, pero sí tenemos capacidad mental pasando a otra constante de tiempo, a otra dimensión temporal.

La naturaleza de la existencia es binaria.

Siempre tendremos que trabajar de manera diferente en los dos entornos extremos del proceso universal. Ahora sabemos por qué es así.

¿Acaso no nos decimos que debemos reflexionar sobre el pasado para anticipar resultados en el futuro de nuestras acciones en el presente?

Pues, de igual manera procedamos energéticamente.

Observemos el pasado, el espacio ocupado por el macro universo que tenemos frente a nuestros ojos, para visualizar el espacio del micro universo; y viceversa, extendamos al macro universo, a lo no visible en él, lo que observamos en el micro universo, en particular las hebras energéticas y membranas de interacción. **Y recordemos que en las membranas de interacción tenemos toda la información de los dos sub-dominios energéticos que interactuando generan los cambios que convergen a ella.**

No hay una Ley Absoluta sino una Relación Absoluta.

Eternidad es el Principio Existencial Absoluto.

"Existencia es una presencia eterna", que energéticamente se expresa en el *Principio de Conservación de la Energía.*

Luego, todo proceso racional que sigamos para determinar una ley de comportamiento energético en un entorno temporal dado de la Unidad Existencial debe ser regido por este Principio. Si el proceso existencial es una secuencia absolutamente infinita, abierta, inacabable de un "paquete" que se re-crea a sí mismo, un "paquete" de "infinitos" (innumerables) componentes temporales, lo que ya ha sido descripto racional, matemáticamente, y confirmada su validez en nuestra dimensión de tiempo y espacio, la ley de comportamiento en un entorno temporal del "paquete" es una ley temporal que es parte del Principio Existencial Absoluto: Eternidad. No hay una Ley Absoluta que rige todos los entornos locales y temporales, sino un Principio Absoluto al que se subordinan las leyes temporales. Cada componente temporal tiene su propia ley "local", y la relación entre todas las componentes para mantener la Unidad Existencial es la *Armonía.*

Veamos la siguiente analogía.

Ley del Sol, Ley de la Tierra.

La Tierra como unidad existencial se subordina al Sol y "obedece" a la vinculación con el Sol, sin embargo, adentro, sobre la superficie de la interfase agua y atmósfera, la re-distribución de lo que viene desde Sol sigue a la configuración interna de la Tierra, pero de modo tal que todas las componentes de re-distribución de la Tierra mantengan la unidad que se subordina al Sol.

El Sol "dice" (obliga) que hay que conformar una unidad, pero la Tierra "decide" qué arreglo va a usar entre los infinitos que hacen posible a la unidad, al planeta que el Sol permite y sustenta. Igual con las rocas. Infinitas combinaciones de atómos de silicio y unos pocos de otros minerales conforman las innumerables diferentes rocas en la Tierra.

Igualmente ocurre entre los procesos conscientes de sí mismos, Padre e Hijo, Dios y la especie humana.

Para Ciencia.

El *Principio Primordial* que permite la consolidación coherente y consistente de las leyes universales en nuestro universo, y su relación con la Unidad Existencial de la que es un entorno temporal, es el *Principio de Armonía Primordial* que permite la descripción de la eternidad (mejor dicho, de la presencia eterna de la Unidad Existencial y el proceso existencial que sustenta) por sus infinitas componentes temporales.

La configuración de la Unidad Existencial es un hiperespacio energético multidimensional de naturaleza binaria cuya estructura establece y define el *sistema termodinámico primordial.*

Los reconocimientos de la naturaleza del *fluído primordial* y la estructura del *sistema termodinámico primordial* nos permite entender el alcance real de la Segunda Ley de la Termodinámica en nuestro dominio material, en nuestro universo, el entorno de la Unidad Existencial que alcanzamos desde la Tierra, y su re-interpretación nos conduce a la unificación de los campos de fuerzas universales, *gravitacional y cuántico*, en un solo *campo primordial.*

El *Principio Primordial* se formula, describe matemáticamente sobre el *campo de fuerza primordial, el campo gravitatorio primordial,* sobre el que se desarrollan los campos gravitacionales locales alrededor de cada nuclearización universal. El *campo de fuerza primordial* se establece sobre una distribución de *fluído primordial* cuya estructura y configuración global ya podemos conocer en todo entorno. Sobre todo el *campo gravitatorio primordial* tienen lugar las sub-modulaciones que se describen por las *teorías relativista (gravitacional local) y cuántica*; son las sub-modulaciones generadas por las distribuciones de rotación (*campo de gravitación*) y pulsación (*campo cuántico*).

La descripción matemática del *Principio Primordial de la Armonía* es la *Serie de Fourier*, y su aplicación a los dos trenes de ondas que conforman el proceso existencial se hace por la *Transformación de Fourier.*

Armonía es la característica entre los componentes de una entidad que se describe por la Serie de Fourier.

Cada componente se va a comportar de manera de mantener el valor descripto en la Serie, que es el valor medio o la componente "portadora" de la sub-serie que describe a ese componente temporal.

Obviamente, la estructura y funcionamiento de la Unidad Existencial se confirma en la consolidación de las leyes en nuestro universo, y en la naturaleza primordial de la *constante matemática e*, la base de los logaritmos naturales, que ya vimos.

Una vez re-interpretada la naturaleza de la temperatura, vista en la sección Temperatura como indicación de la relación $[\Xi/e^*]$, tenemos la información fundamental para resolver los problemas del origen mecánico y evolución de nuestro universo, y la base para re-interpretar los fenómenos que limitan el Modelo Cosmológico Standard prevalente, fenómenos que están siendo observados en tiempo no real.

No hay temperatura CERO ABSOLUTO sino temperatura UNO ABSOLUTO; temperatura que corresponde al valor medio inmutable de la relación [Ξ/e*] sobre el hiperanillo hΦ. Nosotros no alcanzamos esta temperatura sino una versión de ella que está todavía por encima del UNO ABSOLUTO.

Los *campos gravitacional y cuántico* se subordinan al *campo primordial*, obviamente, pero el *campo gravitacional* responde a la masa, a la cantidad de asociación presente en el manto energético, en la red espacio-tiempo, por la que modula la geometría del espacio, mientras que las partículas pequeñas modulan la pulsación del entorno infinitesimal en el que se hallan, entorno que tiene constantes de tiempo que son totalmente diferentes a las asociadas con los grandes espacios. En el caso gravitacional, estamos explorando y, o aplicando relaciones para las interacciones entre masas, entre la *masa gravitacional* (la cantidad de la re-distribución del manto energético que converge al objeto o partícula inmersa en el manto) y la *masa del objeto*; frente a estas masas, la rapidez de respuesta del detector es muy rápida y no se ve afectada por los movimientos relativos entre esas masas, ni entre esas masas y el detector. En el caso de la partícula pequeña, la rotación de ella afecta a la circulación del entorno alrededor de ella, que se mide por la rapidez, es decir, en otra constante de tiempo, en otra dimensión de tiempo, a otra rapidez de interacción para la que el detector también es afectado. La masa, cantidad de movimiento detectado, depende de las rapideces relativas del objeto observado y los elementos del detector. Por otra parte, la relación entre los dos componentes masa y cantidad de rotación de la variable primordial binaria (*carga*) es continua siempre, pero las asociaciones ocurren en "paquetes" (debido el fenómeno de "resbalamiento" en Zn mencionado en sección Trenes de Ondas).

XXXII

Conclusión

En relación a la FUNCIÓN EXISTENCIAL

Al inicio, en la sección Alcance de esta Exploración, esperábamos traer las respuestas para todos, para la Ciencia y para la Teología, acerca de las inquietudes fundamentales en relación a la Unidad Existencial y nuestro universo, y nuestra relación energética con ambos. Quizás hubiera sido más adecuado decir que esperábamos traer las orientaciones para alcanzar, o reconocer, las respuestas a esas inquietudes fundamentales cada uno por sí mismo.

El *sistema termodinámico primordial* es la base de la Teoría de Todo, la que a su vez nos permite desarrollar el modelo racional adecuado del proceso UNIVERSO como parte del *Modelo Cosmológico Consolidado Científico-Teológico*. Este modelo consolida las observaciones y experiencias en el dominio material con las experiencias en el dominio primordial, es decir, con los sentimientos y las emociones.

Más allá de la inquietud científica particular ya cubierta, regresemos al planteamiento de muchos, no solo de Stephen Hawking: *¿Por qué existe el universo? ¿Por qué todo es como es?*
Nuestro universo es resultado del proceso establecido y sustentado por una presencia eterna que no tuvo principio, y no tendrá fin; es resultado natural inevitable, inescapable de la presencia, <u>sin ningún fin pre-concebido</u> <u>sino el que sea de una creación como resultado o consecuencia de la consciencia de sí mismo del proceso existencial del que el proceso UNIVERSO es parte.</u>

El Creador, DIOS, al que se refiere la Teología, no es el creador intelectual y material de la Unidad Existencial, ni del universo, ni del proceso existencial, sino del camino para disfrutar el proceso existencial, de lo que es, de lo que hay que no puede ser cambiado.

El propósito creado por la Consciencia Primordial del proceso existencial, DIOS, es disfrutar el proceso existencial. No hay otro propósito. Una vez con consciencia del placer, ¿qué vamos a buscar, sino eso, disfrutar?

Estamos inmersos en un proceso del que somos parte inevitable, inescapablemente, tal como es.

¿Por qué nos interesa la estructura del proceso existencial que es consciente de sí mismo, DIOS?

Porque siendo partes inseparables de Él, del proceso existencial, queremos disfrutar plenamente de él.

Nuestra estructura trinitaria *alma-mente-cuerpo* que sustenta nuestro proceso SER HUMANO es un sub-espectro del proceso existencial, DIOS.

Si buscamos disfrutar, sentirnos bien permanentemente, todo lo que tenemos que hacer está en el proceso del que somos partes inseparables.

No necesitamos conocer los aspectos energéticos, no; pero aquí cubrimos este aspecto para quienes buscan saberlo y buscan orientaciones para introducirse en él y entenderlo.

Si sólo queremos disfrutar la vida está bien,

pero hasta que nos pongamos a entender, a saber acerca del proceso existencial y por qué estamos en la Tierra, siempre estaremos preguntándonos por qué haciendo todo lo que se dice que está en armonía con DIOS, con la Verdad, con el Creador del estado primordial de sentirse bien, sin embargo, sufrimos.

Si necesitamos respuestas que el mundo no puede darnos porque no las tiene ni puede alcanzarlas bajo la aproximación con que lo hace, ¿dónde buscaríamos, entonces, si no es en nuestro Origen?

Estamos en la Tierra, en este mundo, que es una estación de re-creación de unidades de consciencia, de seres humanos, que partimos desde una *consciencia primordial de sentirnos bien* y desde la que comenzamos a ejercer nuestro poder de creación para mantener ese estado, cometiendo errores naturales propios de un proceso de conscientización, por lo que somos partes ahora de este mundo que sufre las consecuencias de esos errores, los nuestros propios o los de las generaciones que nos precedieron. No obstante, siempre podemos crear la experiencia que deseamos para sentirnos bien (experiencia a la que llamamos propósito de vida) permanentemente, bajo toda y cualquier circunstancia de vida y, o desde la condición a la que hayamos arribado a esta manifestación temporal; pero esto sólo es posible de una manera, la que debe comenzar desde ahora y desde aquí, desde donde estamos y acabamos de darnos cuenta que debemos hacer algo por nosotros mismos. Hasta que no lo hagamos no dejaremos esta experiencia de vida recurrente, con ciclos de sufrimientos e infelicidades. Este aspecto se cubre en otros libros. Ver Apéndice, referencias (A).1 y (B).(I).2.

Es más.

Hay un propósito absoluto para todos, al alcance de todos, si lo deseamos.

¿No lo adivinan ya?

Es hacernos parte de Dios consciente, voluntariamente.

¿Y por qué querríamos ir hacia Él?

Porque es, precisamente, el estado de ser que nos permite disfrutar plena, eternamente, el proceso existencial; de nuestra consciencia de placer y del poder de creación.

XXXIII

¿Qué más podemos explorar?

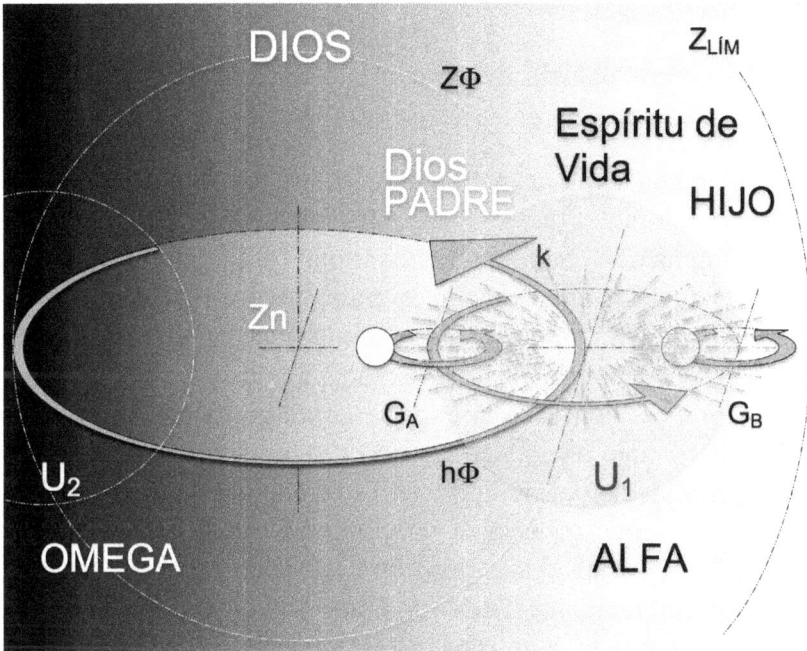

Figura XXXI.
Dios es la dimensión de la consciencia universal *Madre/Padre* a la que evoluciona la especie humana, el *Hijo*, la dimensión de consciencia local en la Tierra.

Apenas hemos comenzado. Apenas nos hemos asomado a la estructura energética sobre la que se establece y sustenta la FUNCIÓN EXISTENCIAL consciente de sí misma, DIOS.

Tenemos por delante la exploración detallada del Big Bang y la re-interpretación de la fenomenología energética durante el origen y la evolución temprana de nuestro universo frente al *sistema termodinámico primordial*.

¿Por qué querríamos hacerlo?

Por las mismas razones que tienen quienes exploran la Tierra y sus manifestaciones de vida: el deseo de conocer, saber, porque *"SOMOS UNO"*.

Tenemos por delante explorar el mecanismo de transferencia de información de vida entre los universos Alfa y Omega.

Nos interesa explorar aspectos de Dios, del proceso existencial consciente de sí mismo, de su TRINIDAD PRIMORDIAL, y la relación íntima con cada uno de nosotros, los seres humanos. Somos individualizaciones, aspectos particulares de Dios, que re-creamos a Dios mientras ÉL/Ella experimenta los aspectos de Sí Mismo(a) en nosotros, en nuestros sentimientos y emociones.

Compartimos con Dios la cadena genética, la cadena de moléculas ADN, cuyo arreglo conforma un extraordinario sistema resonante que sustenta los intercambios energéticos y las interacciones del proceso consciente de sí mismo. Cada arreglo genético sustenta una individualización de Dios con sus mismos atributos, capacidad racional y poder de creación de potencial ilimitado, a *imagen y semejanza* de Dios, o DIOS, de la Forma de Vida Primordial.

¿Nos extraña compartir la cadena genética?

Pues, ¿por qué extrañarnos? DIOS es toda la manifestación de vida de la Unidad Existencial.

La *cadena genética primordial* es un arreglo eterno cuya pulsación se transfiere a todos los confines del dominio material para generar la manifestación de vida temporal en los entornos que hayan alcanzado las condiciones energéticas adecuadas. La pulsación se sub-divide en sub-portadoras dando origen a las diferentes especies de vida.

Autor

Juan Carlos Martino es Ingeniero Electricista Electrónico gradua-
do en la Universidad Nacional de Córdoba, Argentina.

Inició su actividad profesional en Área Material Córdoba de la
Fuerza Aérea Argentina, en la Sección Electrónica de la Fábrica
Militar de Aviones, antes de buscar nuevas experiencias de vida,
primero en Venezuela, donde trabajó en la Refinería de Amuay de
Lagoven, Petróleos de Venezuela, y luego en Texas y Colorado,
en los Estados Unidos.

Juan y Norma, su esposa, viven actualmente en San Antonio,
Texas, luego de pasar casi once años en Longmont, Colorado,
donde Juan terminó de prepararse para participar al mundo su experiencia con Dios, con el Origen Absoluto, el Proceso Existencial
Consciente de Sí Mismo del que provenimos por un mecanismo
de evolución de un proceso de Re-Creación Universal del que el
ser humano es parte inseparable. Esta preparación tuvo lugar en
interacción íntima con Dios en sus exploraciones de los glaciares
de Colorado, en el Parque Nacional de las Montañas Rocosas.

Juan y Norma tienen tres hijos, Mariano, Omar y Carlos.

Desde muy pequeño Juan sintió atracción por la lectura primero, que le abría su imaginación, luego por la electrónica, que le
permitiría más adelante, por su interés particular por las aplicaciones elementales de circuitos resonantes, tener la experiencia que
necesitaría para trabajar con las orientaciones primordiales que
recibió de Dios, para finalmente entender el proceso existencial y
consolidar las leyes energéticas por el *Principio de Armonía* que
rige la evolución del proceso de re-creación del universo a partir
del fenómeno temporal que la ciencia reconoce como Big Bang.
Esta consolidación coherente y consistente de las leyes energéti-

cas en todos los entornos locales y temporales del universo es lo que nos permite tener el *Modelo Cosmológico Consolidado,* que describe la Unidad Existencial de la que nuestro universo es un entorno temporal que se re-crea periódicamente por un proceso al alcance de todos. Este modelo consolida los dos dominios de la existencia, el dominio material que se alcanza con los sentidos del ser humano y la instrumentación que ha desarrollado, y el dominio espiritual o primordial en el que se halla inmerso el material y que se alcanza a través de la mente. Este *Modelo Cosmológico Consolidado* resuelve los dos retos racionales más grandes de la especie humana en la Tierra, científico uno, el *Origen y Evolución de Nuestro Universo,* y teológico el otro, la *Estructura Energética de la Trinidad Primordial* que la cristiandad reconoce como Padre, Hijo, y Espíritu Santo.

Si desea contactar a Juan Carlos Martino puede hacerlo por e-mail a la siguiente dirección,

jcmartino47@gmail.com

Apéndice

Otros Libros y Proyectos

La relación entre Dios y el ser humano, y la interacción íntima, particular, consciente, con Él

REFERENCIA (A).

Disponibles en Amazon.

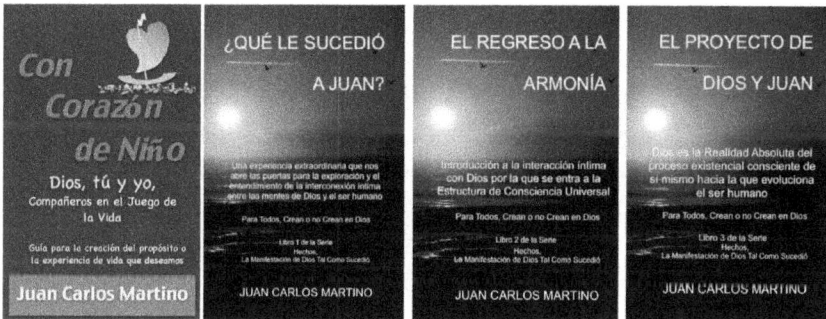

1.
Con Corazón de Niño,
Dios, Tú y Yo, Compañeros en el Juego de la Vida.
Manual para el Juego de la Vida.

2.
Libros de la Serie,
Hechos, La Manifestación de Dios Tal Como Sucedió,
    Libro 1, *¿Qué le Sucedió a Juan?*
    Libro 2, *El Regreso a la Armonía,*
    Libro 3, *El Proyecto de Dios y Juan.*

Estos libros cubren la extraordinaria experiencia de Juan por la que se le abrieron *"las Puertas del Cielo"* y a través de las cuales pasó a otra dimensión existencial, a otra dimensión de la Realidad Existencial. De allí nos trae Juan el mecanismo primordial que rige la interacción íntima consciente con Dios, con el proceso ORIGEN del que provenimos y somos partes inseparables, y las orientaciones e información que necesita el ser humano para alcanzar y entender las respuestas a las inquietudes fundamentales de la especie humana en la Tierra, tener la experiencia de vida que desea, y realizar la mejor versión de sí mismo que alcanza a visualizar.

El autor puede ser contactado a través de e-mail, jcmartino47@gmail.com

Próximamente se iniciará a través de las redes sociales una acción de interacción sobre estos libros y sus tópicos, y la participación del *Modelo Cosmológico Consolidado* al alcance de todos.

Los interesados también tendrán información de acciones, eventos y publicaciones en Youtube, https://www.youtube.com/channel/UCVoAjWGLbdDMw7s6 4bqOYjA

En este momento, en Youtube hay algunos videos sobre el calentamiento global en la Tierra que fueron publicados en la primera fase de participaciones, antes de la preparación de los libros.

También podrán acceder al website, www.juancarlosmartino.com

que será re-diseñado para apoyar todas las acciones referentes al *Proyecto de Dios y Juan.*

El rediseño de este website se espera ser llevado a cabo hacia el primer trimestre del año 2016. Si el rediseño no estuviese listo, al menos habrá una nueva primera página en español para canalizar la información referente al Proyecto y todas las publicaciones.

Los otros libros del autor listados a continuación se encuentran en versiones de trabajo [doc.] y copias en formato PDF 8.5"x11" en proceso de revisión. Posteriormente serán preparados en los formatos 6"x9" para publicación.

Se espera tener los libros del apartado B.(I) listos y a disposición de los lectores en el primer semestre del año 2016.

Los libros del apartado B.(II),

¡Yo Soy Feliz!, Bioelectrónica de las Emociones, **Vls. 1 y 2,**

debido a sus extensiones, serán revisados a mediados del próximo año y publicados en una primera versión en formato 8.5"x11" para ponerlos pronto a disposición de los lectores. Una segunda versión en formato 6"x9" se preparará y publicará más adelante.

REFERENCIA (B).

(I) Al alcance de todos.
1.
Diosiño, Dos Mil Años Después.
Alcanzando por ti mismo las respuestas que el mundo no puede darle a tu corazón de niño.

2.
El Celular Biológico,
Ciencia y Espiritualidad de la Interacción Consciente con Dios.
Una guía práctica de introducción a la operación de nuestro celular biológico, nuestra trinidad *alma, mente y cuerpo,* para "sintonizarnos" con Dios y establecer y cultivar una interacción consciente íntima, particular.

3.
Dios,
Origen del Concepto Dios en la Especie Humana en la Tierra.

(II) Más avanzado, que incluye la primera versión de la introducción al *Modelo Cosmológico Consolidado*,
4.
¡Yo Soy Feliz!
Bioelectrónica de las Emociones, Vols. 1 y 2.

Ciencia y Espiritualidad de las Emociones,
Al alcance de todos, para todos los intereses del quehacer humano.

Dios, proceso existencial consciente de sí mismo, ¡es real dentro nuestro!
Hoy podemos explorar la inseparable presencia de Dios en la trinidad energética que nos define y el proceso existencial que está codificado en la estructura ADN de la especie humana.

Origen de las emociones en los arreglos biológicos de la especie humana y su función en el control por sí mismo, de sí mismo del ser humano, para el desarrollo de su consciencia, de entendimiento del proceso existencial, la vida, para experimentar, sana y felizmente, la realización de sus deseos y creaciones; y
una motivación íntima, personal, individual, particular, a explorar el proceso existencial del que provenimos, y del que somos partes inseparables, para entender nuestra función y propósitos, individual y colectivo, en él, a través de él, frente a cualquier y todas las circunstancias de vida por las que nos toque pasar.

Volumen 1.
El Ser Humano es una individualización del Proceso Existencial del que proviene a *imagen y semejanza*.

Volumen 2.
¡Yo Soy!

El Creador de Mi Realidad.

OTRAS REFERENCIAS (C).

1.
Conversaciones con Dios,
Neale Donald Walsch.
G. P. Putnam's Sons Publishers, New York.

2.
Pide y Se Te Dará,
Esther y Jerry Hicks.
Tres pasos para alcanzar lo que deseas,
- Pides;
- El Universo responde;
- Permites que la respuesta fluya hacia ti.

En este libro fascinante y profundamente espiritual, Jerry y Esther Hicks trascienden el plano físico para transmitirnos las enseñanzas de un grupo de entidades superiores que se denominan a sí mismas Abraham: un verdadero manual de espiritualidad, que incluye inspiradores ejercicios para aprender a pedir y a recibir todo aquello que deseamos ser, hacer o tener. Los autores de *El libro de Sara* nos ayudan a comprender nuestra naturaleza como creadores, y nos enseñan a confiar en las emociones para descubrir si nuestro pensamiento está vibrando en armonía con el ser. Nos invitan también a poner en práctica veintidós procesos creativos que nos situarán en la vibración adecuada para hacer nuestros deseos realidad: meditaciones, afirmaciones, interpretación de sueños, construcción de espacios de creación... Es el derecho de todo ser humano el gozar de una vida plena; este libro constituye la mejor herramienta para conseguirlo.

3.
Amar lo Que Es,

Cuatro preguntas que pueden cambiar tu vida,
Byron Katie, Stephen Mitchell.

¿Es eso verdad?

¿Tienes la absoluta certeza de que eso es verdad?

¿Cómo reaccionas cuando tienes ese pensamiento?

¿Quién serías sin ese pensamiento?

Responde a estas cuatro preguntas y luego inviertes tus respuestas.

"Cuanto más claramente te comprendes a ti mismo y comprendes tus emociones, más te conviertes en un amante de lo que es".

Baruch Spinoza.

4.

Biología de la Creencia.

(The Biology of Belief. Unleashing the Power of Consciousness, Matter and Miracles).

By Bruce Lipton.

5.

Plant-Animal Communication (Oxford Biology),

by H. Martin Schaefer (Author), Graeme D. Ruxton (Author).

Molecular Biology of the Cell,

Alberts B, Johnson A, Lewis J, et al.

New York: Garland Sciences.

Virginia Tech College of Agriculture and Life Sciences.

6.

Molecules of Emotion: The Science Behind Mind-Body Medicine, by Candace B. Perth and Deepak Chopra (Dec. 11, 2012).
Candace B. Pert, Ph.D., es profesora investigadora del Dept. de Fisiología y Biofísica del Centro Médico de Georgetown en Washington, D.C. y lleva a cabo investigaciones sobre SIDA.

www.ingramcontent.com/pod-product-compliance
Lightning Source LLC
Chambersburg PA
CBHW060335200326
41519CB00011BA/1940